U0831241

TAIQU XIANSUN ZHILI DIANXING ANLI FENXI

台区线损治理
典型案例分析

国网山东省电力公司营销部 组编

中国电力出版社
CHINA ELECTRIC POWER PRESS

内 容 提 要

线损率是反映电网规划设计、生产运行和经营管理水平的综合性经济技术指标。本书主要根据国网山东省电力公司对营销线损相关管理要求和基层单位在营销线损日常管理中遇到的各种问题案例和典型经验编写而成。

本书共分为六章，主要内容包括线损诊断分析、档案类典型案例、计量类典型案例、采集类典型案例、反窃电类典型案例和技术类典型案例。旨在加强营销台区线损精益化管理，强化基层台区线损治理技能水平，提高台区线损稽查效率。

本书可供各级营销人员学习使用，也可供相关专业人员参考。

图书在版编目（CIP）数据

台区线损治理典型案例分析 / 国网山东省电力公司营销部组编. —北京：中国电力出版社，2020.11（2023.2 重印）
ISBN 978-7-5198-4864-4

Ⅰ. ①台… Ⅱ. ①国… Ⅲ. ①线损计算 Ⅳ. ①TM744

中国版本图书馆 CIP 数据核字（2020）第 147238 号

出版发行：中国电力出版社
地　　址：北京市东城区北京站西街 19 号（邮政编码 100005）
网　　址：http://www.cepp.sgcc.com.cn
责任编辑：罗　艳（yan-luo@sgcc.com.cn，010-63412315）
责任校对：黄　蓓　朱丽芳
装帧设计：张俊霞
责任印制：石　雷

印　　刷：三河市万龙印装有限公司
版　　次：2020 年 11 月第一版
印　　次：2023 年 2 月北京第四次印刷
开　　本：710 毫米×1000 毫米　16 开本
印　　张：7
字　　数：113 千字
印　　数：6001—7000 册
定　　价：40.00 元

编委会

编写工作组

组　　长　杜　颖

副组长　郭　亮

执行主编　王　鹏

编写人员　姜　鹏　张祥坤　王新涛　吴明明　刘　涛
谷　鹏　夏小明　梁　波　梁小姣　吕志星
聂莹坤　崔承良　赵建文　刘继彦　刘新中
王　强　赵晓燕　李志民　任　磊　杜　珂
刘晓升　王　刚　仪孝光　张国星　孙希珍
佟瑞刚　张学凯　杨　剑　刘勇超　刘亚骑
李元付　宋增祥　张宏涛　朱宏光　夏晓东
林　涛　王　景　范建军　魏晓蔚　田晓磊
刘　涛　王贻亮　姜吉平　朱从民　王鑫萌
宫池玉　张　涛　李　哲　王者龙　刘　澍
李天辉　陈　洋　郝兆阳　刘廉政　王凤祥
潘闽南　刘海峰　马晓光　王　明　张　岩
温国栋　赵科学　张　婷　梁雅洁　田　伟
房乃国　董伟鲁　刘宏国　徐新光　郭红霞
荆　臻　陈云龙　孟　巍　王运全　王　莉
李文芳　田　晓　杨连河　刘　彦　阎正喜

刘　旭	李忠玉	贾晗雪	郭佳妮	朱金森
贺　伟	武文超	薛明航	韩为民	赵新贞
张永凯	李延真	周春明	马新勇	张玉杰
梁海东	郑　毅	贾乐刚	李　伟	李大鹏
王春宝	耿　敏	王新库	李　萌	李泽冰
杨干廷	杨宏伟	李万信	梅盛旺	张金桂
曲秀勇	林　艳	李　岩	赵承楠	宫志寰
王　鹏	王守利	陈　啸	卢志强	温国栋
苑玉民	高长鑫	赵　亮	王　婷	王建平
刘玉民	李伟华	王孝帅	张继林	王泽秀
高　昶	薛　云	王海涛	朱伟义	马　震
刘俊莉	王旭东	尹全磊	鞠文杰	王为帅
尹明立	刘　宁	许　明	靳印涵	孙亚忠
王建宾	葛　静	赵　冠	杨雨欣	霍光宇
吕学志	王华龙	张文强	宋　冲	邱　林

前言

近年来，国网山东省电力公司从加快创建"两个一流"、突破线损管理瓶颈、推进营销线损精益化管理的需求出发，夯实营销线损管理基础，深化用电信息采集系统建设成果应用，突出异常台区治理，构建了电网企业营销线损精益化管理体系，实施营销理论线损计算、台区异常原因在线分析、治理成效评价和闭环管理，注重营销线损异常治理典型经验交流，建立典型案例库。通过以上措施，国网山东省电力公司的营销线损精益管理水平得到有效提升。

线损率是反映电网规划设计、生产运行和经营管理水平的综合性经济技术指标。低压台区线损管理涉及营销计量采集、反窃电、营业管理、营配贯通、配电网规划设计、运行管理等方面，全面体现了电网企业对台区设备及用户的管理水平，是电网企业"四分"（分压、分区、分线、分台区）线损重要组成部分。

本书主要根据国网山东省电力公司对营销线损相关管理要求和基层单位在营销线损日常管理中遇到的各种问题案例和典型经验编写而成，用于加强营销台区线损精益化管理，强化基层台区线损治理技能水平，提高台区线损稽查效率，供各级营销人员学习。

编　者

2020 年 6 月

目录

第一章

线损诊断分析

线损诊断分析是线损管理中的核心环节，建立一套合理有效的分析诊断流程能有效提高日常线损治理的效率和质量。本章从线损治理工作模式与相关流程、分析原则、核查方法进行分析说明。

第一节 工作模式

1. 线损异常监控工作模式

线损异常监控工作模式采用系统实时监控、自动分析与上报，人工复核，现场排查、整改并归档。

2. 监控周期

监控周期分为日监控和月复检，日监控是基于各类计量点实时提供的电流、电压、有功功率、功率因数等数据，并通过一定的管控规则及时锁定，体现的是及时性；月复检既是日线损动态监控效果的体现，也是对各类计量点无法远程精确取值的补充，体现的是完整性与全面性。

第二节 治理流程

线损治理分为高损台区治理和负损台区治理。

1. 高损台区

高损台区分为长期高损台区和突发高损台区。

（1）长期高损台区。长期高损台区是指连续两个月以上线损率超过 9%的异常台区，引起长期高损的主要原因有系统档案错误、计量设备故障、采集数据长期异常、疑似窃电、技术因素影响等原因。

长期高损台区治理流程如下：

1）核查系统档案信息正确性。是否存在营销系统用户与采集系统用户档案不对应、线损模型中计量方向是否正确。

2）核查采集因素。是否存在长期未采集电能表、采集设备参数设置是否错误。

3）系统核查台区总表倍率配置情况、台区用户失压、失流情况、是否存在异常反向表码。

4）现场核查计量装置情况。总表倍率现场与系统是否一致、是否存在计量故障、电能表接线是否错误、互感器是否故障、是否存在窃电情况。

5）是否存在技术因素影响。供电设施老旧存在漏电情况、是否存在三相不平衡、功率因数是否过低、是否有低电压情况、台区负载率情况是否过载或存在“大马拉小车”情况。

（2）突发高损台区。突发高损台区是指台区线损率一直保持平稳，日线损率突然发生较大升幅且持续时间在 3 天以上的台区。引起突发高损的主要原因有新增、变更用户系统档案错误、计量装置故障、采集数据失败、用户窃电等原因。

突发高损台区治理流程如下：

1）核查系统档案信息正确性。是否存在新增、变更用户营销系统与采集系统用户档案不对应、新增、变更用户是否及时归档、线损模型中新增用户计量方向是否正确。

2）核查采集因素。是否存在未采集电能表、采集设备参数设置是否错误、总表、分表采集时间是否同步。

3）系统核查台区用户失压、失流情况、是否存在异常反向表码。

4）现场核查计量装置情况。是否存在计量故障、电能表接线是否错误、互感器是否故障、是否存在窃电用户。

5）是否存在技术因素影响。供电设施老旧存在漏电情况、是否存在三相不平衡、功率因数是否过低、是否有低电压情况、台区负载率情况是否过载或存在“大马拉小车”情况。

2. 负损台区

负损台区分为长期负损台区和突发负损台区。

（1）长期负损台区。长期负损台区是指连续两个月以上线损率低于–1%的异常台区，引起长期负损的主要原因有系统档案错误、台区总表接线错误、光伏发电用户档案错误、互感器倍率错误、采集数据不同步等原因。

长期负损台区治理流程如下：

1）核查系统档案信息正确性。是否存在户变关系不一致、采集系统是否存在垃圾档案、光伏发电客户档案是否正确、线损模型中计量方向是否正确。

2）核查采集因素。电能表时钟是否正确、总表表码与分表表码采集时间是否同期。

3）系统核查台区总表倍率配置是否错误、台区总表是否存在失压、失流、接线错误情况、光伏用户是否存在失压、失流、接线错误情况。

4）现场核查计量装置情况。台区总表倍率现场与系统是否一致、是否存在计量故障、电能表接线是否错误、台区总表互感器是否故障、用户互感器倍率是否错误、是否存在户变关系不一致。

（2）突发负损台区。突发负损台区是指台区线损率一直保持平稳，日线损率突然出现负损且持续时间在 3 天以上的台区。

突发负损台区治理流程如下：

1）核查系统档案信息正确性。是否存在新增用户户变关系不一致、采集系统是否存在垃圾档案、台区总表互感器倍率变更是否准确、新上光伏发电客户档案是否正确、线损模型中计量方向是否正确、是否存在垃圾档案。

2）核查采集因素。电能表时钟是否正确、台区总表表码与分表表码采集时间是否同期、台区总表表码采集时间是否滞后、台区总表反向表码是否采集正常。

3）系统核查台区总表是否存在失压、失流、接线错误情况、光伏用户是否存在失压、失流、接线错误情况。

4）现场核查计量装置情况。台区总表倍率现场与系统是否一致、是否存在计量故障、电能表接线是否错误、台区总表互感器是否故障、是否存在户变关系不一致。

第三节　分　析　原　则

分析原则如下：

（1）按照从系统到现场、从总表到分表、从管理到技术的原则，逐层开展线损异常原因分析。

（2）定性与定量相结合，以定量为主的原则，定性分析做好线损异常原因归类，异常原因描述要明确导致线损异常的事件或用户；定量分析必须有充分依据，有详细计算过程。

（3）重点分析原则，应对供电量大、线损率高和线损率波动大等的台区进行重点分析。

（4）线损率指标与线损管理小指标分析并重的原则。

第四节　核　查　方　法

1. 户变关系核查

（1）台区户数一致性核查（见图 1－1）。查询路径：用户采集系统—高级应用—线损管理—线损统计分析—台区线损分析—台区线损明细—台区编号栏中输入台区编号或台区名称，核对“应覆盖户数”与“应抄户数”是否对应。应覆盖户数为营销系统中台区户数，应抄户数为采集系统中台区线损模型户数，如不一致应进行档案同步。

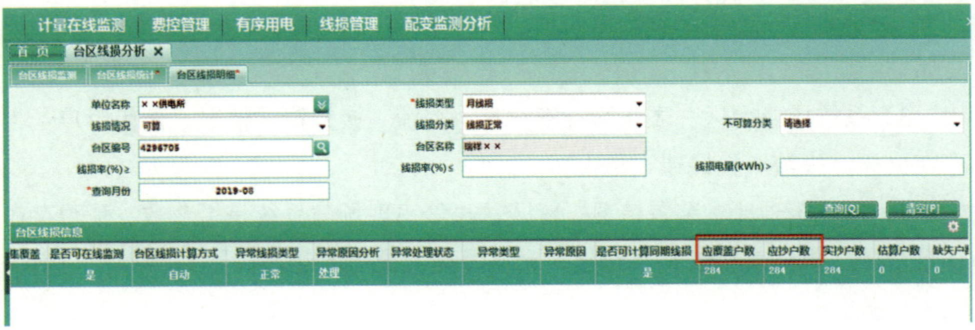

图 1－1　台区户数一致性检查

（2）基于电能表电压曲线的停电台区户变关系核查（见图 1－2）。查询路径：用户采集系统—统计查询—报表管理—自定义报表—报表查询—报表编号—选择“基于电能表电压曲线的停电台区户变关系”项—点击“查询”—点击“执行查询”—数据日期栏中输入“数字年月日，如 20190718”，可核查存在户变关系错误用户或台区。

图 1－2　基于电能表电压曲线的停电台区户变关系核查

（3）测量点日冻结电能示值核查（见图 1－3）。查询路径：用户采集系统—统计查询—采集数据分类查询—采集数据通用查询—测量点日冻结电能示值—台区编号栏中输入台区编号或台区名称—点击“查询”—在“设置展示行数”中选择适当“行数”—在“终端编号”栏中查找台区下所有终端编号。

图 1－3　测量点日冻结电能示值核查

在用户采集系统—统计查询—采集数据分类查询—采集数据通用查询—测量点日冻结电能示值—终端编号栏中输入终端编号—点击“查询”—在“台区名称”或“台区编号”中进行排序，查看终端下所带用户是否在同一台区，见图 1－4。

图 1-4　采集数据分类查询

2. 采集数据质量核查

（1）未采集、表码采集时间核查（见图 1-5）。查询路径：用户采集系统—统计查询—采集数据分类查询—采集数据通用查询—测量点日冻结电能示值—台区编号栏中输入台区编号或台区名称—点击“查询”—在“数据质量标识”栏中排序可查看台区电能表是否存在未采集表计。在“表码记录时间”栏中排序可查看台区电能表上传系统时间，是否因上传表码时间较晚影响台区日线损。

图 1-5　未采集、表码采集时间核查

（2）表码倒走、飞走核查（见图 1-6）。查询路径：用户采集系统—高级应用—线损管理—线损统计分析—台区线损分析—台区线损明细—台区编号栏中输入台区编号或台区名称—点击“台区名称”进入界面—点击“供出电量”进入界面—在“采集电量”栏中进行排序，可快速查找因表码突变、倒走引起的台区线损异常。

图 1-6 表码倒走、飞走核查

（3）采集表码与线损计算表码比对核查（见图 1-7 和图 1-8）。查询路径：

图 1-7 计量点详细信息

图 1-8 单分区线损明细

用户采集系统—高级应用—线损管理—线损统计分析—台区线损分析—台区线损明细—台区编号栏中输入台区编号或台区名称—点击“台区名称”进入界面—点击“供入电量”或“供出电量”进入界面—点击选中用户“计量点编号”进入界面—点击“表码数据”将此界面下的表码数据与上一界面中“上次示数”与“本次示数”表码数据进行核对看表码是否一致。

3. 计量故障核查

（1）电压数据核查：低压单、三相用户（见图 1–9）。查询路径：用户采集系统—统计查询—采集数据分类查询—采集数据通用查询—测量点电压曲线—输入“用户编号”“电能表编号”等可查询电压是否存在失压、断相、电压低等情况。

图 1–9　电压数据核查

（2）电流数据核查：低压单、三相用户（见图 1–10）。查询路径：用户采集系统—基本应用—数据采集管理—数据召测—输入“终端编号”或“用户编号”—点击“测量点历史数据补招”—选择用户—点击“补招”—点击“曲线”—选择“F92、F93、F94”—选择“起始”“终止”时间—点击“召测”可查看选择用户的电流情况。

（3）台区总表电压、电流数据核查（见图 1–11）。查询路径：用户采集系统—高级应用—线损管理—线损统计分析—台区线损分析—台区线损明细—台区编号栏中输入台区编号或台区名称—点击“台区名称”进入界面—点击“供入电量”进入界面—点击选中用户“计量点编号”进入界面—选择“电压曲线数据”或“电流曲线数据”可查看电压、电流情况。

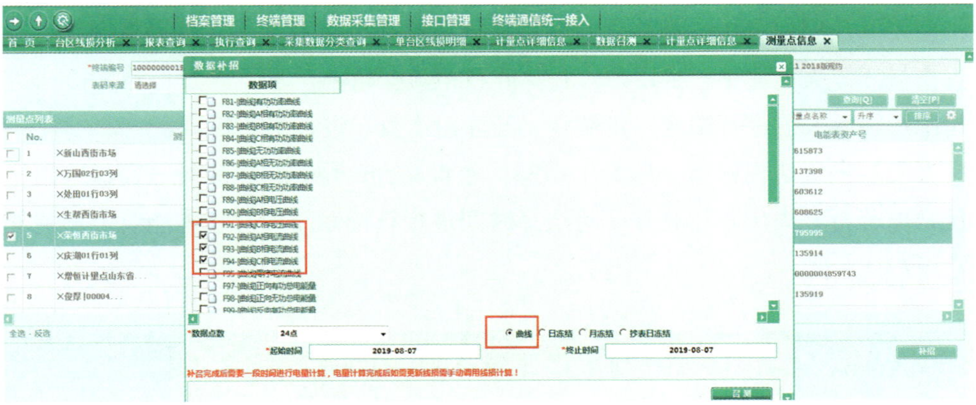

图 1-10 电流数据核查

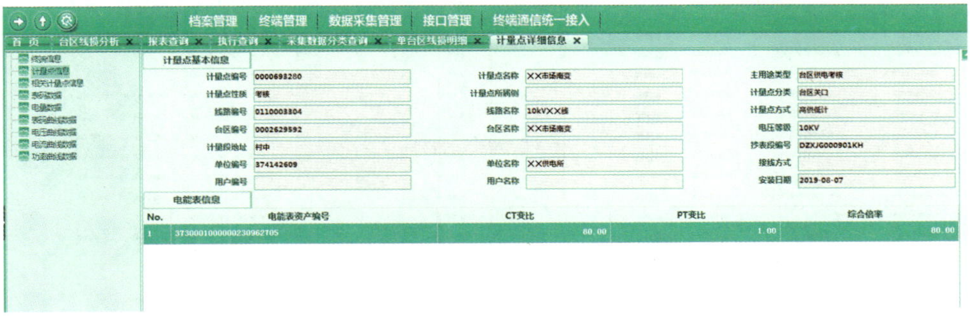

图 1-11 台区总表电压、电流数据核查

4. 窃电数据核查

（1）零、火电流不一致核查（见图 1-12）。查询路径：用户采集系统—高

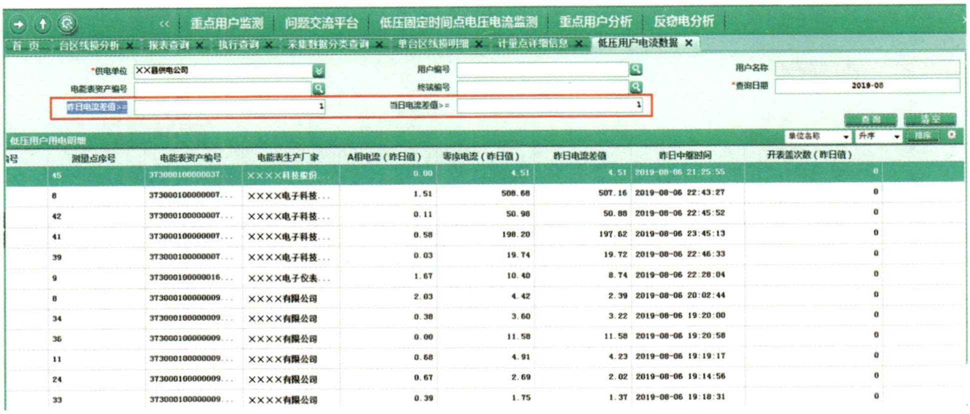

图 1-12 零、火电流不一致核查

级应用—反窃电分析—智能诊断分析—低压用户电流数据—点击“查询”可筛查出低压零火电流不一致用户。在“昨日电流差值>=”和“今日电流差值>=”栏中可输入数值进行筛选。可结合“开表盖次数”进行重点核查。

（2）失压断相核查（见图 1－13）。查询路径：用户采集系统—高级应用—反窃电分析—失压断相统计—可选择时间进行查询系统内三相电能表电压值异常用户。

图 1－13　失压断相核查

（3）在线监测数据核查（见图 1－14）。查询路径：用户采集系统—高级应用—计量在线监测—智能诊断分析—单一异常分析—可查询“电量异常”、电压电流异常、“接线异常”等 8 大类异常情况。

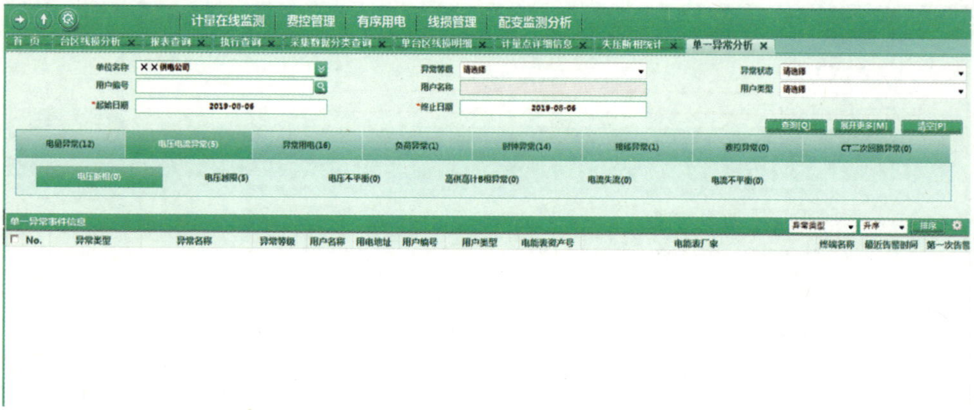

图 1－14　在线监测数据核查

5. 技术数据核查

（1）电压、电流数据核查（见图 1－15）。查询路径：用户采集系统—高级应用—线损管理—线损统计分析—台区线损分析—台区线损明细—台区编号栏中输入台区编号或台区名称—点击“台区名称”进入界面—点击“供入电量”进入界面—点击选中用户“计量点编号”进入界面—选择“电压曲线数据”或“电流曲线数据”可查看电压、电流情况。

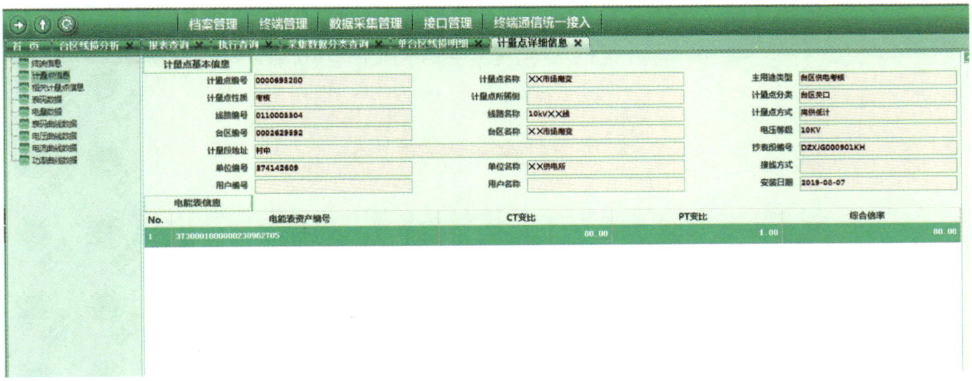

图 1－15　电压、电流数据核查

（2）功率因数核查（见图 1－16）。查询路径：用户采集系统—统计查询—采集数据分类查询—采集数据通用查询—测量点功率因数曲线—输入“终端编号”“台区编号”等可进行功率因数查询。

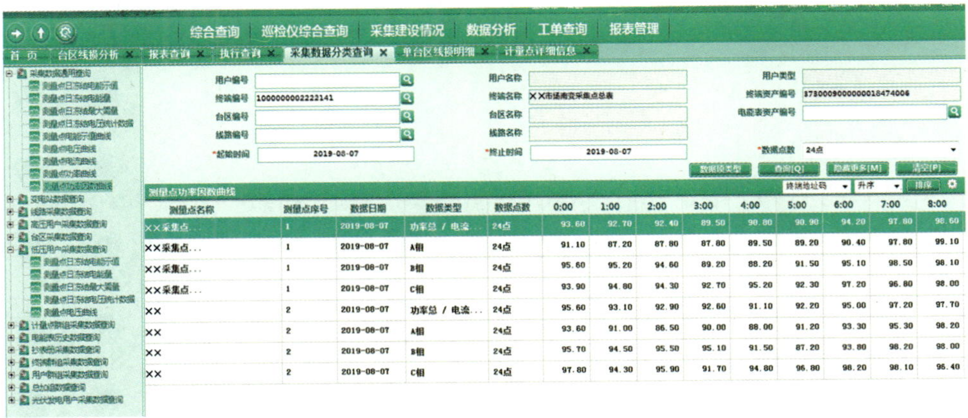

图 1－16　功率因数核查

（3）台区负载率核查（见图 1－17）。查询路径：用户采集系统—高级应用—配变监测分析—配变负载分析—负载率分析—点击“负载率明细”—输入“台区编号”可查询台区负载率情况。

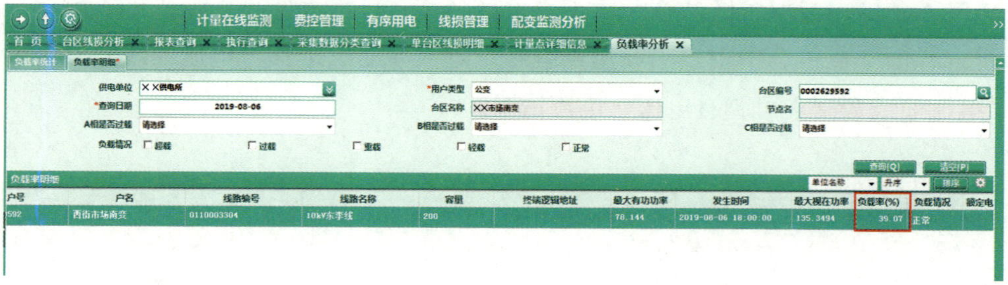

图 1－17　台区负载率核查

第二章

档案类典型案例

案例 1　负荷调整导致户变关系错误

【案例描述】

×镇涧北×台区线损长期负损，线损率 –43.33%，见图 2–1。

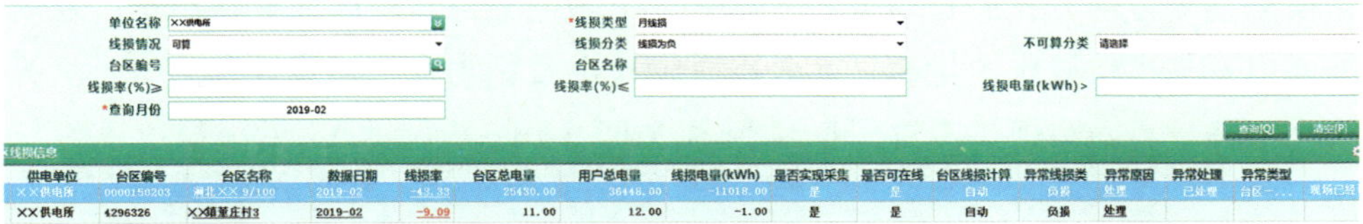

图 2–1　×镇涧北×台区线损长期负损

【原因分析】

对台区营销档案进行核对，发现台区用户档案错误，大量用户已实际切改至另一个台区，但系统内仍存在于原台区。

【整改情况】

将台区用户信息进行调整，线损率恢复正常。

案例 2　分布式光伏档案错误与分布式电源计量方向系统与现场不符

【案例描述】

某台区线损持续维持在 2%～3%，日线损稳定，2019 年 11 月 4 日起，日线损突增为 16.96%，后期日线损持续高损，线损率较之前有明显升高，见图 2–2。

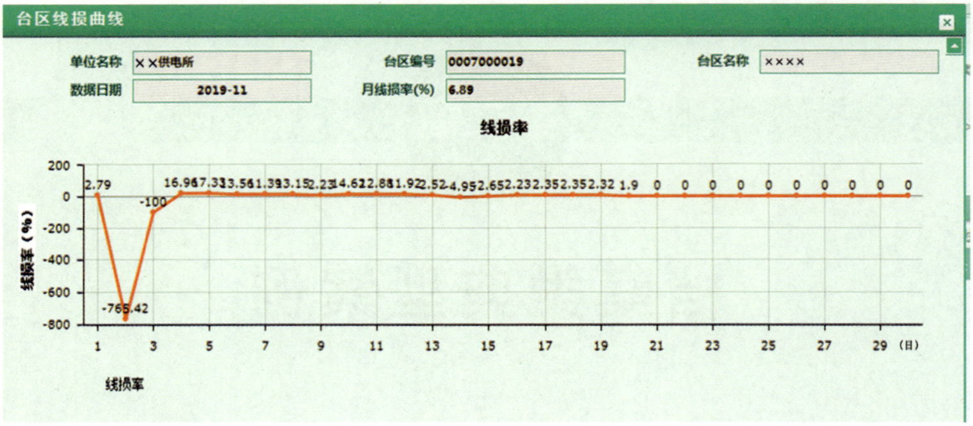

图 2-2　11 月台区线损折线图

【原因分析】

该台区无采集异常，该台区在 11 月 4 号时调整 1 户光伏至该台区，调整后日线损明显升高，通过用电信息采集系统查阅 11 月 5 号日线损损耗电量，该光伏模型维护方向为正向正运算，对比台区下刚调整至该台区的光伏电量，发现损耗电量与光伏发电电量相之差与平时损耗电量相吻合，初步预判为该台区光伏模型计量方向与现场不符，见图 2-3 和图 2-4。

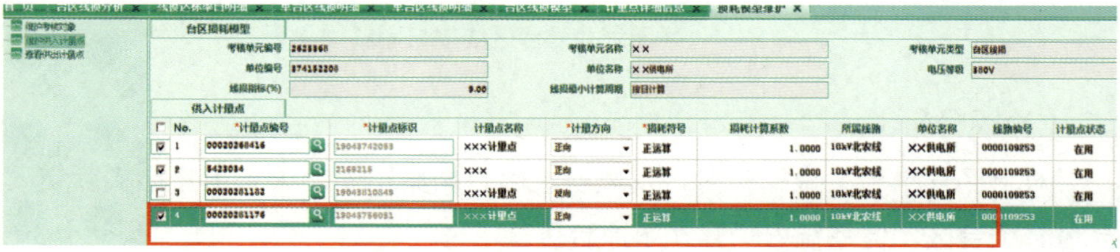

图 2-3　11 月 5 日光伏模型状态及计量方向

【整改情况】

11 月 11 日，用电检查人员到达现场，通过查看计量装置以及现场勘查，现场铅封完整无异常，发现该光伏现场发电表与用户电能表相互关联，该发电户发电表的出线接进用户表的出线计量光伏表的上网电量，系统中应在供入电量中维护该用户表的上网模型，且计算方向为反向正运算，改正后日线损合格。

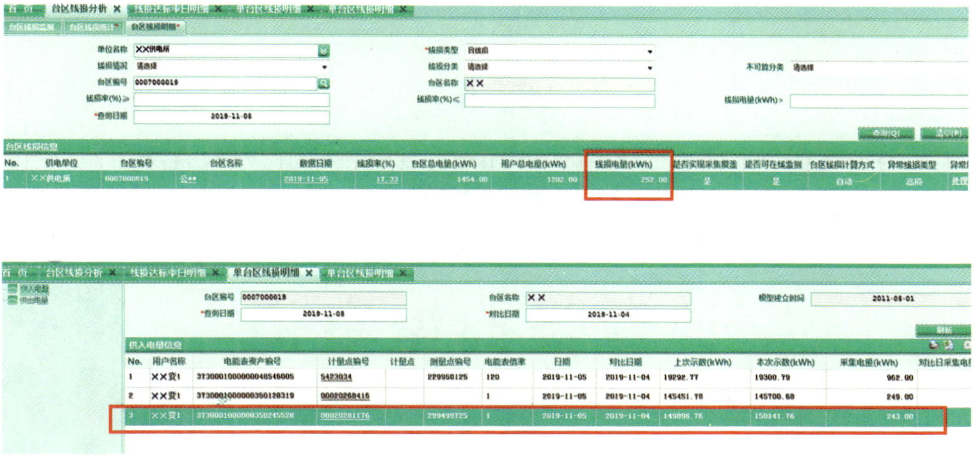

图 2-4　11 月 5 日损耗电量与光伏采集电量对比

【防范措施】

加强台区日线损监控，及时发现异常及时处理；应用系统功能，及时针对光伏档案变更的台区模型进行维护，对比台区日损耗电量有无异常，加强台区现场巡视力度，定期开展现场核查。

第三章

计量类典型案例

案例 1　电能表误差超差

【案例描述】

八里湾×台区挂接 73 户，全部进行了农网升级改造，用户表计全部进行了更换，但日线损率居高不下，平时日线损在 13%左右，负荷增大时最高达到 28%，见图 3－1。

4125718	八里湾××	2018-12-10	207.00	169.00	38.00	18.36
4125718	八里湾××	2018-12-11	232.00	186.00	46.00	19.83
4125718	八里湾××	2018-12-12	269.00	245.00	24.00	8.92
4125718	八里湾××	2018-12-13	240.00	213.00	27.00	11.25
4125718	八里湾××	2018-12-14	204.00	173.00	31.00	15.20
4125718	八里湾××	2018-12-15	214.00	175.00	39.00	18.22
4125718	八里湾××	2018-12-16	262.00	197.00	65.00	24.81
4125718	八里湾××	2018-12-17	205.00	178.00	27.00	13.17
4125718	八里湾××	2018-12-18	171.00	146.00	25.00	14.62
[illegible]	[illegible]	[illegible]	[illegible]	[illegible]	[illegible]	[illegible]

图 3－1　电能表误差超差

【原因分析】

根据线损率随负荷变化情况，供电所及营销部组织人员多次核实现场表计，未能发现问题。同时对光伏进行了检查，更换了关口表计及互感器，但线损没有变化。无法找到原因的情况下，对 10 个计量箱进行了套表操作。通过两天的观察，发现其中一只计量箱内表计电量与套表电量存在很大差异。又对该计量箱内 7 个电能表逐一进行电量对比，发现其中一只电能表存在问题，少计 2/3 的电量。

【整改情况】

2019 年 1 月 25 日更换该电能表，线损正常，见图 3－2。

4125718	八里湾××	2019-01-25	258.00	232.00	26.00	10.08
4125718	八里湾××	2019-01-26	256.00	249.00	7.00	2.73
4125718	八里湾××	2019-01-27	309.00	305.00	4.00	1.29
4125718	八里湾××	2019-01-28	433.00	425.00	8.00	1.85
4125718	八里湾××	2019-01-29	443.00	436.00	7.00	1.58
4125718	八里湾××	2019-01-30	462.00	456.00	6.00	1.30

图 3-2 更换电能表后线损正常

【防范措施】

充分利用检查工具和设备，对老旧表计和新装电能表计量准确性核查。

案例 2 表计烧毁

某台区线损持续维持在 4%～5%，日线损稳定，2019 年 11 月 20 日，日线损率突增，后期线损波动率较大，见图 3-3。

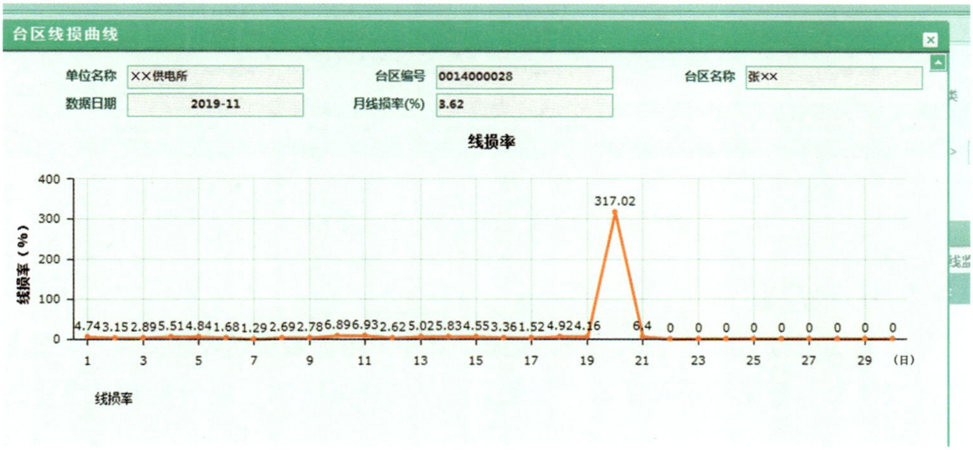

图 3-3 11 月台区线损折线图

【原因分析】

该台区无采集异常，未调整档案，初步判断为计量装置故障或窃电。通过用电信息采集系统查阅 11 月 19 日和 11 月 20 日电压曲线对比，发现用户（计量点 6039395）20 日 16 点，21 日 7 点、8 点电压曲线采集异常，其他用户电压曲线正常，将该用户作为重点排查对象，见图 3-4 和图 3-5。

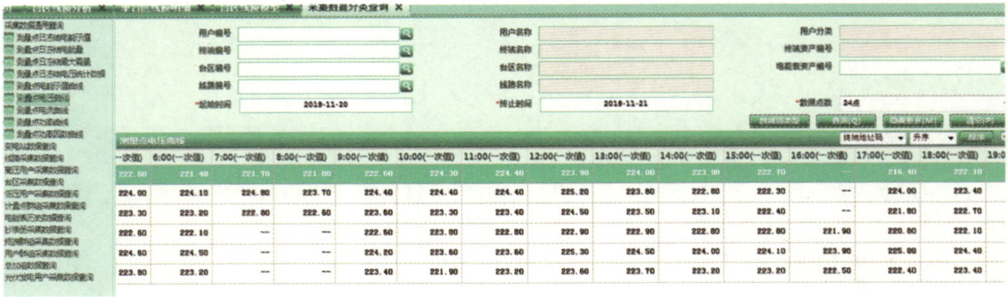

图 3-4　11 月 19 日和 11 月 20 日电压曲线对比

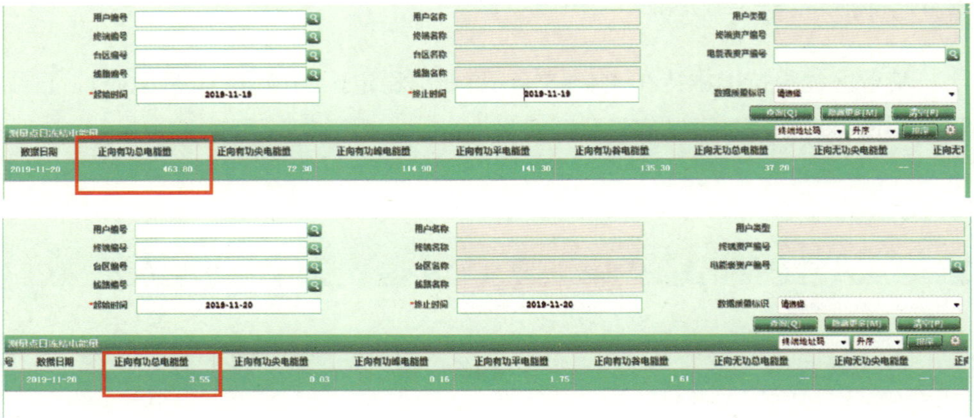

图 3-5　11 月 19 日、20 日电量对比

【整改情况】

11 月 20 日，用电检查人员到达现场，该用户电能表现场表尾烧坏、零线虚接，电能表示数无法正常显示，导致无法正常计量表码，现场电能表照片见图 3-6。

图 3-6　现场电能表照片

【防范措施】

加强台区日线损监控，及时发现异常及时处理；应用系统功能，通过电能表开盖记录、失压断相、客户日用电量对比等技术手段排查分析，对比台区日损耗电量有无异常，加强台区现场巡视力度，定期开展现场核查。

案例 3 用户表计错接线

【案例描述】

某台区为新接收小区，月度线损率维持在 5%左右，日线损波动较大且有一定规律性。日线损波动较大，该小区 8 月台区线损折线图见图 3-7。

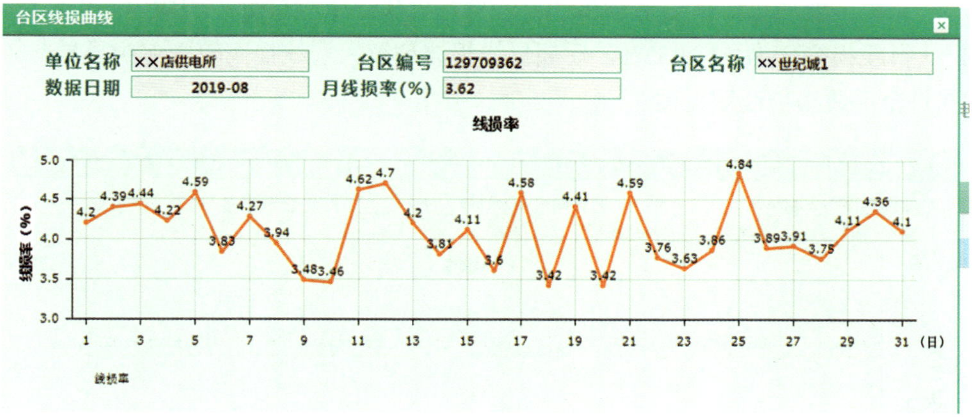

图 3-7 8 月台区线损折线图

【原因分析】

该台区档案未调整，无采集异常，初步预判为计量装置故障或疑似窃电。通过用电信息采集系统查阅 6、7 月份的日线损，小电量、零电量用户作为疑似计量装置故障或反窃电重点排查对象。

【整改情况】

8 月 9 日，用电检查人员与供电所管理人员到达现场，通过查看计量装置以及现场勘查，发现 1 户异常。该用户电能表电流为 0，从表计接线看，电压、电流进出线连接正确无误。工作人员通过手持终端对该客户历史用电量进行查询，发现其一直未产生电量，与客户沟通后，客户承认从未交过电费。确定该户计量接线错误，但是表箱接线柱对应正确，排除人为原因，后打开计量箱后接线排，发现接线错误。至此确定此用户反向计量原因为计量箱内部接线错误导致。后续用电检查人员对客户讲明情况，客户对此理解，并认可进行电量追补。

【防范措施】

现场计量装置安装规范，箱表“三封一锁”完整；加强台区日线损监控，及时发现异常；应用系统功能，通过电能表开盖记录、失压断相、客户日用电量对比等技术手段排查分析，加强台区现场巡视力度，定期开展现场核查。

案例 4　台区新增变压器错接线

【案例描述】

某台区前期日线损率维持在 3%～4%，日线损相对稳定，2019 年 10 月 11 日，日线损突变为 – 183.33%，后期日线损波动较大，线损率较之前明显异常。10 月台区线损折线图见图 3 – 8。

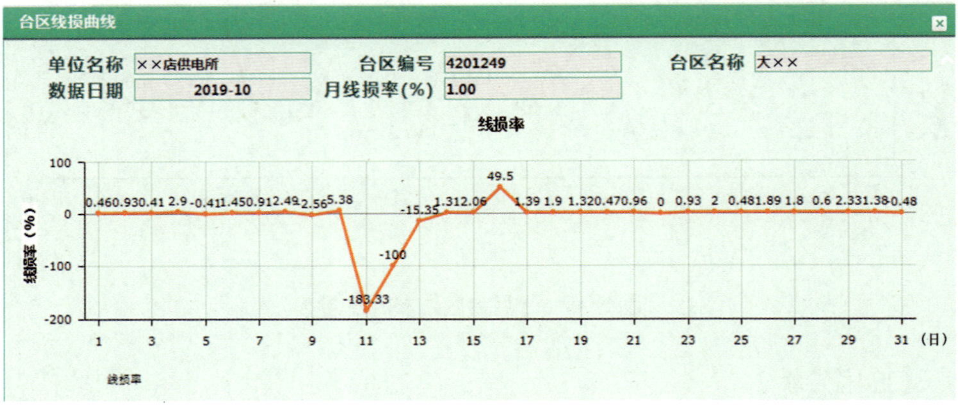

图 3–8　10 月台区线损折线图

【原因分析】

该台区档案未调整，无采集异常，且同期进行了台区变压器新增工作，初步预判为计量装置故障。通过用电信息采集系统查阅近期几天的日线损，发现新增变压器当天有用电量，采集当天电量未采集，线损率为负值，而在 10 月 11 日后仍为负值，出现异常。查看该台区切改至新变压器负荷情况，推算电量几乎与负损电量相当，所以将新增关口表作为疑似计量装置故障重点排查对象。该台区 10 月 9～17 日采集电量对比和 10 月 11 日采集电量对比如图 3 – 9 和图 3 – 10 所示。

测量点日冻结电能量

	电能表资产编号	测量点名称	数据时间	正向有功总电能量	正向有功尖电能量	正向有功峰电能量	正向有功平电能量	正向有功谷电能量	正向无功总电能量	正向无功尖电
1		××北计量箱	2019-10-09	105.60	12.40	28.80	28.00	36.40	18.40	
2		××北计量箱	2019-10-10	118.40	16.40	32.40	44.80	24.80	15.20	
3		××北计量箱	2019-10-11	29.60	02.00	00.80	02.00	25.20	05.20	
4		××北计量箱	2019-10-12	11.20	01.60	02.00	04.80	02.80	08.80	
5		××北计量箱	2019-10-13	86.40	32.00	40.40	09.20	04.40	27.20	
6		××北计量箱	2019-10-14	77.60	15.20	19.20	14.00	29.60	05.20	
7		××北计量箱	2019-10-15	97.60	15.60	22.00	16.00	43.60	27.20	
8		××北计量箱	2019-10-16	280.00	143.60	42.00	57.20	37.60	31.60	
9		××北计量箱	2019-10-17	104.80	16.80	24.40	18.40	45.20	12.80	

图 3-9　10 月 9~17 日采集电量对比

电能表资产编号	测量点名称	数据时间点	A相	B相	C相	
	××北计量箱	2019-10-11 00:00(一次值)	7.68	4.00	4.24	1000000
	××北计量箱	2019-10-11 01:00(一次值)	6.40	3.20	3.88	1000000
	××北计量箱	2019-10-11 02:00(一次值)	6.36	2.52	2.96	1000000
	××北计量箱	2019-10-11 03:00(一次值)	12.68	4.08	3.20	1000000
	××北计量箱	2019-10-11 04:00(一次值)	6.08	3.28	4.16	1000000
	××北计量箱	2019-10-11 05:00(一次值)	8.60	5.04	7.04	1000000
	××北计量箱	2019-10-11 06:00(一次值)	9.60	8.64	3.76	1000000
	××北计量箱	2019-10-11 07:00(一次值)	15.32	12.12	12.20	1000000
	××北计量箱	2019-10-11 08:00(一次值)	—	—	—	1000000
	××北计量箱	2019-10-11 09:00(一次值)	—	—	—	1000000
	××北计量箱	2019-10-11 10:00(一次值)	—	—	—	1000000
	××北计量箱	2019-10-11 11:00(一次值)	—	—	—	1000000
	××北计量箱	2019-10-11 13:00(一次值)	—	—	—	1000
	××北计量箱	2019-10-11 14:00(一次值)	—	—	—	1000
	××北计量箱	2019-10-11 15:00(一次值)	—	—	—	1000
	××北计量箱	2019-10-11 16:00(一次值)	—	—	—	1000
	××北计量箱	2019-10-11 17:00(一次值)	—	—	—	1000
	××北计量箱	2019-10-11 18:00(一次值)	-20.20	32.44	-25.96	1000
	××北计量箱	2019-10-11 19:00(一次值)	-14.16	22.84	-10.76	1000
	××北计量箱	2019-10-11 20:00(一次值)	-12.60	12.52	-10.80	1000
	××北计量箱	2019-10-11 21:00(一次值)	-7.60	6.64	-11.92	1000
	××北计量箱	2019-10-11 22:00(一次值)	-12.24	8.56	-16.12	1000
	××北计量箱	2019-10-11 23:00(一次值)	-10.36	10.00	-14.08	1000
	××北计量箱	2019-10-12 00:00(一次值)	-3.48	3.36	-8.24	1000
	××北计量箱	2019-10-12 01:00(一次值)	-3.00	3.28	-7.04	1000

图 3-10　10 月 11 日采集电量对比

【整改情况】

10 月 12 日，采集系统线损数据更新后，发现台区日线损异常，分析完毕后，第二天安排台区经理及用电检查人员到达现场，通过查看计量装置以及现场勘查，发现关口电能表电流三相几乎为 0。打开表尾盖，从表计接线看，电压、电流进出线连接均异常。

【防范措施】

加强台区日线损监控，及时发现异常；现场计量装置安装规范，应用系统功能，通过采集系统日线损波动对比等技术手段排查分析，加强台区现场巡视力度，定期开展现场核查。

案例 5　关口表计错接线

【案例描述】

10kV 满×村台架变台区线损率一直为负，经现场排查，该台区档案正确，光伏模型维护正确、计量正常，经初步排查，台区关口表电流长期反向，见图 3–11。

*单位名称 ××供电所　*台区编号 0909015793　台区名称 10kV×××村台架变
*查询月份 2019-04　查询[Q]　清空[P]

台区日线损明细列表

No.	供电单位	台区编号	台区名称	数据日期	台区总电量(kWh)	用户总电量(kWh)	线损电量(kWh)	线损率(%)
	××供电所	0909015793	10kV××线××新村台...	2019-04-01	435.00	525.00	-90.00	-20.
2	××供电所	0909015793	10kV××线××新村台...	2019-04-02	569.00	672.00	-103.00	-18.
3	××供电所	0909015793	10kV××线××新村台...	2019-04-03	480.00	568.00	-88.00	-18.
4	××供电所	0909015793	10kV××线××新村台...	2019-04-04	443.00	549.00	-106.00	-23.
5	××供电所	0909015793	10kV××线××新村台...	2019-04-05	491.00	596.00	-105.00	-21.
6	××供电所	0909015793	10kV××线××新村台...	2019-04-06	372.00	484.00	-112.00	-30.
7	××供电所	0909015793	10kV××线××新村台...	2019-04-07	426.00	536.00	-110.00	-25.
8	××供电所	0909015793	10kV××线××新村台...	2019-04-08	350.00	497.00	-147.00	-42.
9	××供电所	0909015793	10kV××线××新村台...	2019-04-09	379.00	534.00	-155.00	-40.
10	××供电所	0909015793	10kV××线××新村台...	2019-04-10	434.00	537.00	-103.00	-23.

图 3–11　线损率为负

【原因分析】

分中心组织计量专业对该台区关口计量进行核查，发现该台区关口表电流互感器接线错误，造成电流反向，使得线损为负。

【整改措施】

工作人员现场调整了电流互感器接线，线损恢复正常，见图 3–12。

*查询月份 2019-05　查询[Q]　清空[P]

台区日线损明细列表

No.	供电单位	台区编号	台区名称	数据日期	台区总电量(kWh)	用户总电量(kWh)	线损电量(kWh)	线损率(%)
	××供电所	0909015793	10kV××线××新村台架变	2019-05-01	510.00	468.00	42.00	8.24
	××供电所	0909015793	10kV××线××新村台架变	2019-05-02	537.00	493.00	44.00	8.19
	××供电所	0909015793	10kV××线××新村台架变	2019-05-03	524.00	483.00	41.00	7.82
	××供电所	0909015793	10kV××线××新村台架变	2019-05-04	601.00	565.00	36.00	5.99
	××供电所	0909015793	10kV××线××新村台架变	2019-05-05	525.00	485.00	40.00	7.62
	××供电所	0909015793	10kV××线××新村台架变	2019-05-06	503.00	469.00	34.00	6.76
	××供电所	0909015793	10kV××线××新村台架变	2019-05-07	540.00	494.00	46.00	8.52
	××供电所	0909015793	10kV××线××新村台架变	2019-05-08	521.00	478.00	43.00	8.25
	××供电所	0909015793	10kV××线××新村台架变	2019-05-09	630.00	594.00	36.00	5.71
0	××供电所	0909015793	10kV××线××新村台架变	2019-05-10	499.00	461.00	38.00	7.62

图 3–12　线损恢复正常

【防范措施】

因计量专责对关口表计量接线排查不细致，没有第一时间发现关口表计量接线错误，使得该台区长期负损，遇有台区负损且电量长期稳定情况，应首先排除关口表计量接线错误情况。

案例 6 时钟异常

【案例描述】

孙×台区月度线损率维持在 3%左右，比较稳定，但是日线损相差较大，2019 年 9 月 17 日，日线损降低为 0.7%，9 月 20 日，日线损突增为 5.88%，9 月台区线损折线图见图 3－13。

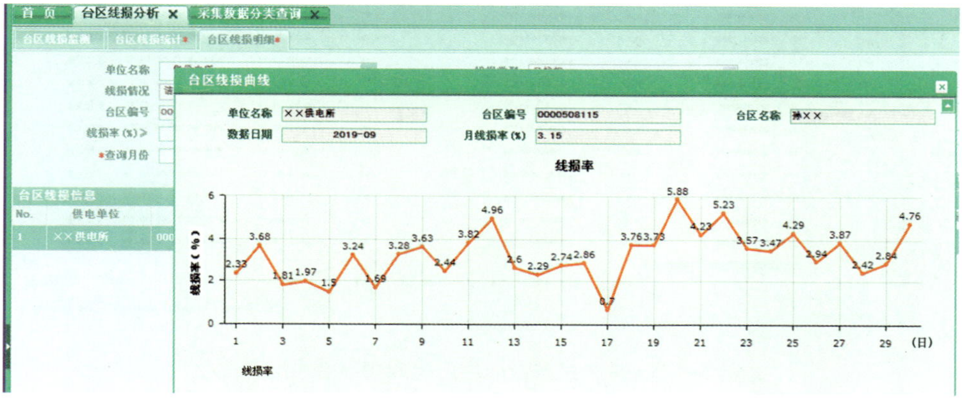

图 3－13 9 月台区线损折线图

【原因分析】

该台区档案完整，无采集异常，线损在合理范围内，但是波动较大，初步预判为计量装置问题。通过用电信息采集系统查阅该台区关口总表、低压用户分表，选取了 9 月 17 日、18 日、19 日、20 日对比日采集电量，台区关口总表日冻结表码的采集时间并不是凌晨 00:00 左右，一般约为凌晨 03:00（见图 3－14），而低压用户的冻结表码采集时间基本都在凌晨 0:30 左右（见图 3－15），这样就排查出应该是该台区关口计量总表时钟错误造成的台区日线损波动较大。

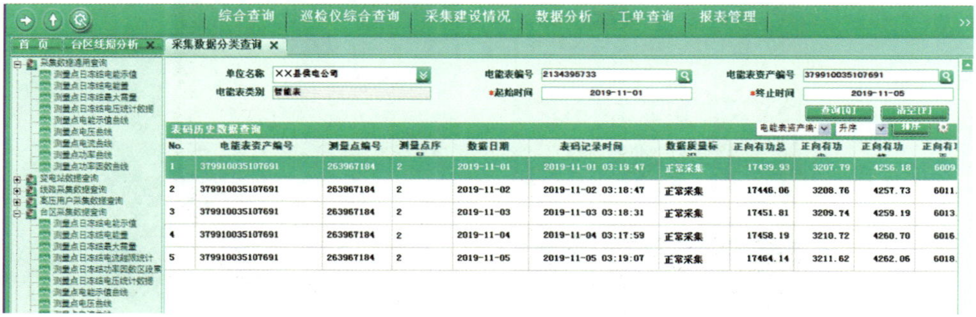

图 3－14 孙×台区关口计量总表冻结表码时间

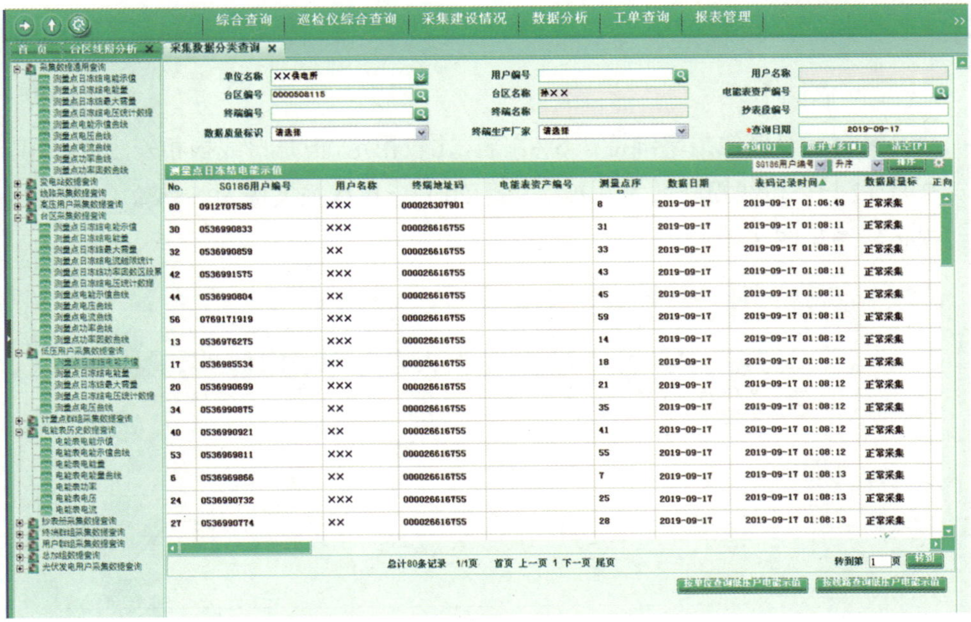

图 3-15　孙×台区低压用户电能表冻结表码时间

【整改情况】

2019 年 11 月 16 日，供电所组织台区经理到孙×台区进行集中换表，发现现场运行的电能表除最近几年新装的和故障更换的以外，大部分都是 3799 开头和 37011 开头的电能表，这些电能表现场运行时间过长，见图 3-16。计量

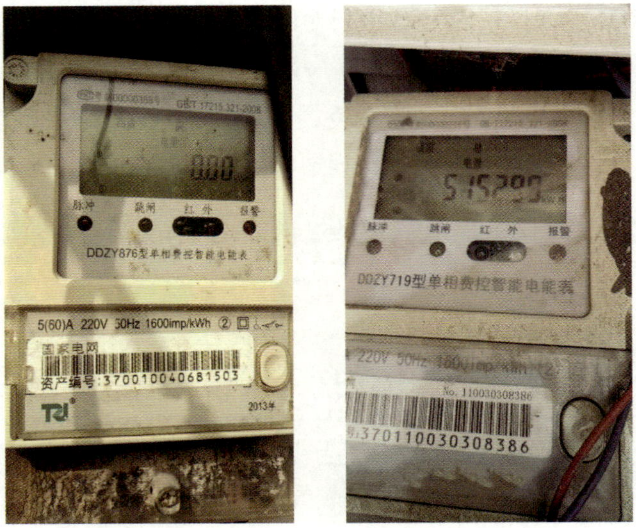

图 3-16　孙×台区现场电能表照片

准确性没有问题，但是电能表时钟误差较大。11 月 16 日将孙×台区时钟错误的电能表更换完毕。时钟错误的电能表更换完毕后，日线损的波动明显减小，趋向稳定，见图 3－17。

16	××供电所	0000508115	孙××	2019-11-16	644.00	628.00	16.00	2.48
17	××供电所	0000508115	孙××	2019-11-17	508.00	493.00	15.00	2.95
18	××供电所	0000508115	孙××	2019-11-18	250.00	245.00	5.00	2.00
19	××供电所	0000508115	孙××	2019-11-19	155.00	150.00	5.00	3.23
20	××供电所	0000508115	孙××	2019-11-20	172.00	166.00	6.00	3.49

总计20条记录 1/1页 首页 上一页 1 下一页 尾页 转到第 1 页

图 3－17 时钟错误电能表更换后孙×台区的日线损

【防范措施】

在用电信息采集系统中运行管理—时钟管理—电能表对时—时间超差/电池欠压电能表明细菜单下，可以查询出本单位时钟错误的电能表，进行现场统一更换。

案例 7 电池欠压

【案例描述】

某台区前期月度线损率维持在 3%～4%，日线损相对稳定，2019 年 7 月 4 日，日线损突增为 5.47%，后期日线损波动较大，线损率较之前明显升高，7 月台区线损折线图见图 3－18。

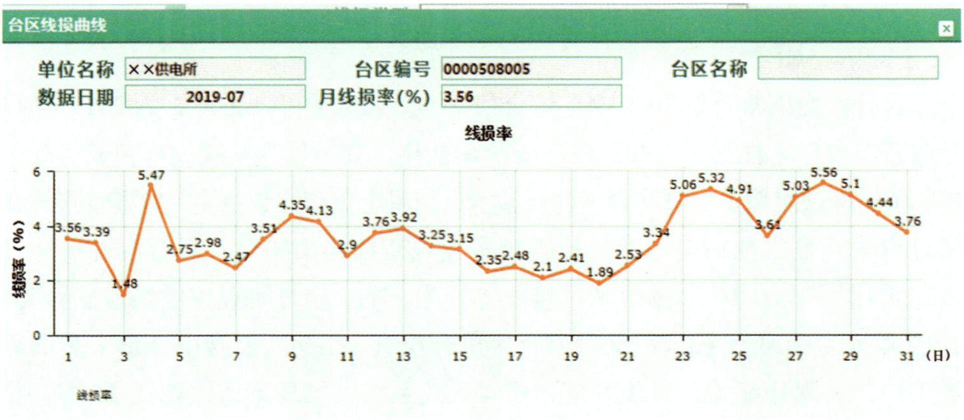

图 3－18 7 月台区线损折线图

【原因分析】

该台区档案未调整，无采集异常，初步预判为计量装置电池欠压。通过用电信息采集系统查阅 7 月的日线损，选取了 7 月 4～6 日对比日采集电量，发现线损率高一天低两天，线损率不稳定，现场抄表与采集系统表码不一致，表计显示“err－03”“Err－11”，属于电池欠压。

【整改情况】

7 月 11 日，用电检查人员到达现场，通过查看计量装置以及现场勘查，电表接线正确，无异常，对该台区欠压表计进行更换。

【防范措施】

现场计量装置安装规范，箱表三封一锁完整；加强台区日线损监控，及时发现异常；应用采集系统功能，加强台区现场表计巡视力度，定期开展现场核查。

案例 8　台区关口电能表零线脱落

【案例描述】

×庄西 2 号配变台区长期高线损，每日线损率维持在 7%～10%，见图 3－19。

20977913	××庄西2号配变	2019-04-04	284.00	263.00	21.00	7.39
20977913	××庄西2号配变	2019-04-05	313.00	292.00	21.00	6.71
20977913	××庄西2号配变	2019-04-06	298.00	271.00	27.00	9.06
20977913	××庄西2号配变	2019-04-07	297.00	276.00	21.00	7.07
20977913	××庄西2号配变	2019-04-08	269.00	246.00	23.00	8.55
20977913	××庄西2号配变	2019-04-09	292.00	267.00	25.00	8.56
20977913	××庄西2号配变	2019-04-10	273.00	251.00	22.00	8.06
20977913	××庄西2号配变	2019-04-11	269.00	252.00	17.00	6.32
20977913	××庄西2号配变	2019-04-12	277.00	254.00	23.00	8.30
20977913	××庄西2号配变	2019-04-13	292.00	261.00	31.00	10.62

图 3－19　×庄西 2 号配变台区长期高线损

【原因分析】

该台区变压器容量 200kVA，综合倍率 60，接带用户 146 户，为 2017 年 12 月底新上台区。根据现场线路情况及负荷挂接，分析认为其线损率完成值高于实际值。所以前期多次对此台区进行检查。因用电负荷比较稳定，检查重点放在了台户关系及隐性窃电方面。检查后未发现营销档案错误，对台区现场计量箱均实行“三封一锁”，排除私自接线等行为，经一段时间观察线损依然异常。2019 年 4 月 30 日，检查组又对本台区进行检查。在此次检查中计量人员检查了关口，发现计量关口零线脱落，核实采集系统，发现形成过电压 250V，见图 3－20。

点电压曲线

电能表资产编号	测量点名称	数据时间点	A相	B相	C相	
	××庄西2号配变大...	2019-04-28 00:00(一次值)	248.60	248.00	246.70	1
	××庄西2号配变大...	2019-04-28 01:00(一次值)	248.60	247.90	246.60	1
	××庄西2号配变大...	2019-04-28 02:00(一次值)	247.90	247.30	245.70	1
	××庄西2号配变大...	2019-04-28 03:00(一次值)	250.30	249.70	248.10	1
	××庄西2号配变大...	2019-04-28 04:00(一次值)	248.50	248.00	246.50	1
	××庄西2号配变大...	2019-04-28 05:00(一次值)	248.20	247.60	246.10	1
	××庄西2号配变大...	2019-04-28 06:00(一次值)	248.40	247.80	246.40	1
	××庄西2号配变大...	2019-04-28 07:00(一次值)	248.60	247.80	246.40	1
	××庄西2号配变大...	2019-04-28 08:00(一次值)	248.00	247.10	245.90	1
	××庄西2号配变大...	2019-04-28 09:00(一次值)	251.50	250.70	249.30	1
	××庄西2号配变大...	2019-04-28 10:00(一次值)	251.30	250.50	249.10	1
	××庄西2号配变大...	2019-04-28 11:00(一次值)	250.00	249.00	247.70	1
	××庄西2号配变大...	2019-04-28 12:00(一次值)	251.30	250.40	248.80	1
	[illegible]	[illegible]	[illegible]	[illegible]	[illegible]	[illegible]

图 3-20 形成过电压 250V

【整改情况】

现场完成整改，表计显示电压恢复正常，见图 3-21。

量点电压曲线

电能表资产编号	测量点名称	数据时间点	A相	B相	C相	终端编号
	××庄西2号配变大...	2019-04-30 08:00(一次值)	249.90	248.80	247.60	12236265
	××庄西2号配变大...	2019-04-30 09:00(一次值)	250.90	250.00	248.70	12236265
	××庄西2号配变大...	2019-04-30 10:00(一次值)	251.20	250.20	248.80	12236265
	××庄西2号配变大...	2019-04-30 11:00(一次值)	247.30	246.70	245.10	12236265
	××庄西2号配变大...	2019-04-30 12:00(一次值)	221.10	221.20	221.50	12236265
	××庄西2号配变大...	2019-04-30 13:00(一次值)	225.20	225.80	225.90	12236265
	××庄西2号配变大...	2019-04-30 14:00(一次值)	224.90	224.90	225.40	12236265
	××庄西2号配变大...	2019-04-30 15:00(一次值)	225.80	225.80	226.50	12236265
	××庄西2号配变大...	2019-04-30 16:00(一次值)	226.30	226.70	227.30	12236265
	××庄西2号配变大...	2019-04-30 17:00(一次值)	226.40	226.30	226.60	12236265
	××庄西2号配变大...	2019-04-30 18:00(一次值)	226.60	226.40	226.70	12236265
	××庄西2号配变大...	2019-04-30 19:00(一次值)	222.80	222.50	222.70	12236265
	××庄西2号配变大...	2019-04-30 20:00(一次值)	225.50	225.10	225.70	12236265
	××庄西2号配变大...	2019-04-30 21:00(一次值)	227.90	226.90	227.40	12236265
	××庄西2号配变大...	2019-04-30 22:00(一次值)	227.20	226.40	226.60	12236265

图 3-21 表计显示电压恢复正常

【防范措施】

针对异常台区的检查，在工作中更多的是将重点放在用户检查上，而忽视了关口计量问题，特别是针对新建台区。在工作中应多方面考虑造成问题的原因，依托采集系统进行数据分析，精准分析，及时解决异常问题。

案例 9 电能表虚接、断相

【案例描述】

台××台区前期日线损率维持在 4%～5%，日线损相对稳定，2019 年 11 月 19 日，日线损突增为 13.72%，后期日线损持续高损，线损率较之前明显升高，11 月该台区线损折线图见图 3-22。

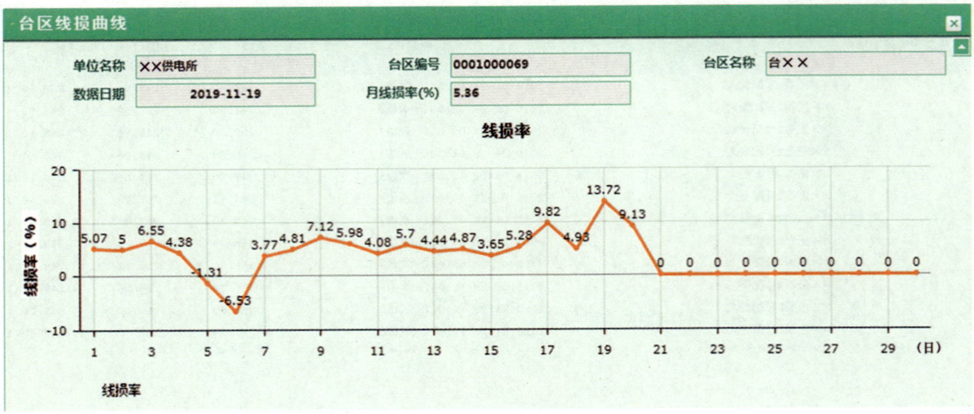

图 3-22　11 月台 × × 台区线损折线图

【原因分析】

该台区档案未调整。通过用电信息采集系统查阅 11 月的日线损，选取了 11 月 19 日与 11 月 18 日对比日采集电量（见图 3-23），发现 1 个用户在 11 月 19 日期间明显电量减少，将此用户作为疑似重点排查对象。

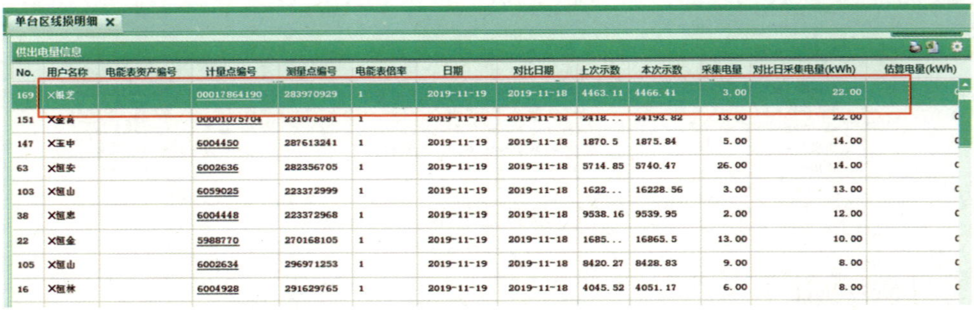

单台区线损明细

供出电量信息

No.	用户名称	电能表资产编号	计量点编号	测量点编号	电能表倍率	日期	对比日期	上次示数	本次示数	采集电量	对比日采集电量(kWh)	估算电量(kWh)
169	X振芝		00017864190	283970929	1	2019-11-19	2019-11-18	4463.11	4466.41	3.00	22.00	
151	X金高		00001075704	231075081	1	2019-11-19	2019-11-18	2418...	24193.82	13.00	22.00	
147	X玉中		6004450	287613241	1	2019-11-19	2019-11-18	1870.5	1875.84	5.00	14.00	
63	X恒安		6002636	282356705	1	2019-11-19	2019-11-18	5714.85	5740.47	26.00	14.00	
103	X恒山		6059025	223372999	1	2019-11-19	2019-11-18	1622...	16228.56	3.00	13.00	
38	X恒忠		6004448	223372968	1	2019-11-19	2019-11-18	9538.16	9539.95	2.00	12.00	
22	X恒金		5988770	270168105	1	2019-11-19	2019-11-18	1685...	16865.5	13.00	10.00	
105	X恒山		6002634	296971253	1	2019-11-19	2019-11-18	8420.27	8428.83	9.00	8.00	
16	X恒林		6004928	291629765	1	2019-11-19	2019-11-18	4045.52	4051.17	6.00	8.00	

图 3-23　11 月 19 日与 11 月 18 日采集电量对比

【整改情况】

11 月 21 日，用电检查人员到达现场，通过查看低压集中器以及现场勘查（见图 3-24），发现该用户表尾连接松动、虚连状态，造成信号弱。及时通知台区经理更换进行整改。

【防范措施】

加强台区日线损监控，及时发现异常；应用系统功能，通过电能表开盖记录、失压断相、客户日用电量对比等技术手段排查分析，加强台区现场巡视力度，定期开展现场核查。

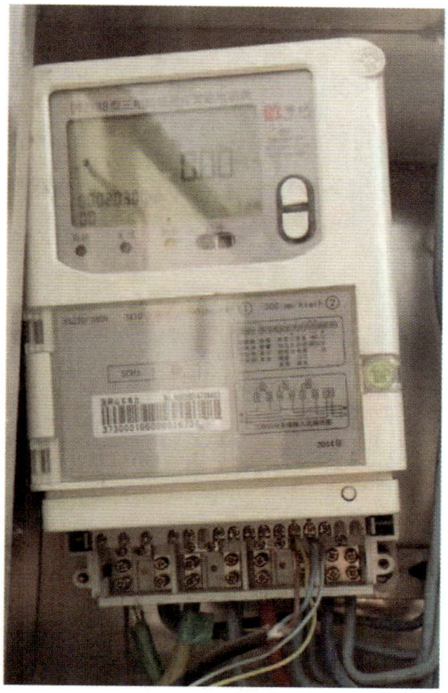

图 3-24 现场照片

案例 10 计量装置配置不合理

【案例描述】

×庄 2 号公变台区前期月度线损率维持在 3%~4%，日线损相对稳定，2019 年 6 月 1 日，日线损突增为 5.79%，后期日线损波动较大，线损率较之前明显升高，6 月该台区线损折线图见图 3-25。

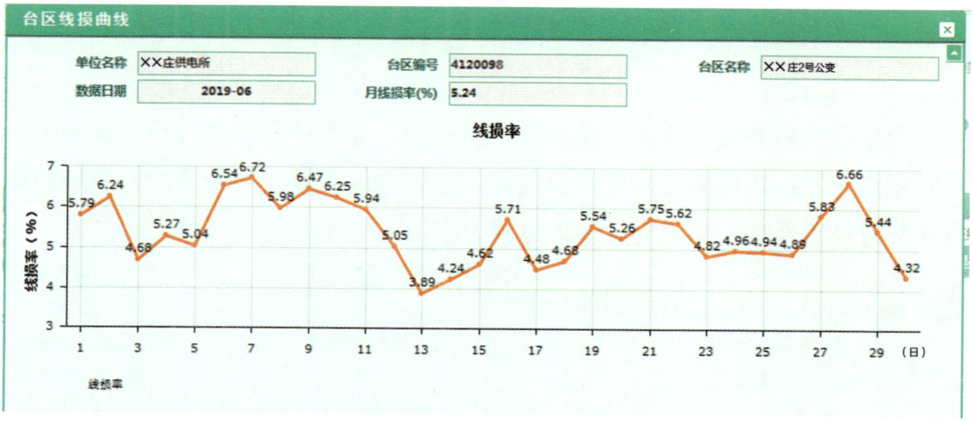

图 3-25 6 月该台区线损折线图

【原因分析】

该台区档案未调整，无采集异常，初步预判为计量装置故障或窃电。通过用电信息采集系统查阅 6 月的日线损，选取了 6 月 2 日、7 日、13 日对比日采集电量（见图 3–26），发现某客户日用电量超过 100kWh 时，日线损偏高，重点对此客户进行现场检查。

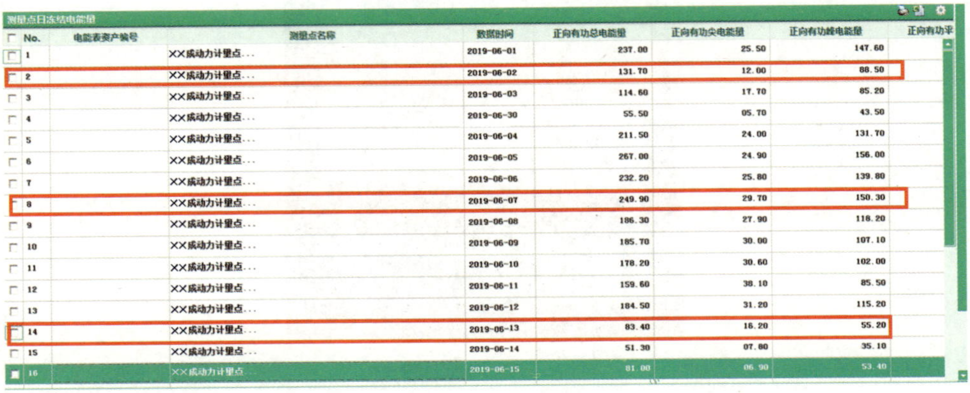
测量点日冻结电能量

No.	电能表资产编号	测量点名称	数据时间	正向有功总电能量	正向有功尖电能量	正向有功峰电能量	正向有功平
1		XX成动力计量点...	2019-06-01	237.00	25.50	147.60	
2		XX成动力计量点...	2019-06-02	131.70	12.00	88.50	
3		XX成动力计量点...	2019-06-03	114.60	17.70	85.20	
4		XX成动力计量点...	2019-06-30	55.50	05.70	43.50	
5		XX成动力计量点...	2019-06-04	211.50	24.00	131.70	
6		XX成动力计量点...	2019-06-05	267.00	24.90	156.00	
7		XX成动力计量点...	2019-06-06	232.20	25.80	139.80	
8		XX成动力计量点...	2019-06-07	249.90	29.70	150.30	
9		XX成动力计量点...	2019-06-08	186.30	27.90	118.20	
10		XX成动力计量点...	2019-06-09	185.70	30.00	107.10	
11		XX成动力计量点...	2019-06-10	178.20	30.60	102.00	
12		XX成动力计量点...	2019-06-11	159.60	38.10	85.50	
13		XX成动力计量点...	2019-06-12	184.50	31.20	115.20	
14		XX成动力计量点...	2019-06-13	83.40	16.20	55.20	
15		XX成动力计量点...	2019-06-14	51.30	07.80	35.10	
16		XX成动力计量点...	2019-06-15	81.00	06.90	53.40	

图 3–26　6 月 2 日、7 日、13 日采集电量对比

【整改情况】

6 月 23 日，用电检查人员到达现场，通过查看计量装置以及现场勘查。该用户电能表为 3×10–100A，现场电流最高 120A，电流忽高忽低，从表计接线看，电压、电流进出线连接正确无误。初步判定电能表配置不合理，因用户负荷不稳定造成电能表计数不准确，现场给用户配置 3×1.5–6A 电能表及 150/5 互感器。

【防范措施】

现场计量装置安装规范，箱表“三封一锁”完整；加强台区日线损监控，及时发现异常；应用系统功能对日线损不稳定台区查看大电量用户，现场核实表计配置是否合理，加强台区现场巡视力度，定期开展现场核查。

案例 11　电流互感器接线错误

【案例描述】

2019 年 7 月，发现×台区低压线损太高，该台区 2009 年改造完毕，低压线路采用 70 平行集束线，用户电能表也全部更换为智能表，采集覆盖率、在线率、采集成功率 100%，前期月度线损率维持在 3%～5%，日线损相对稳定，7 月 23 日线损突增为 24.92%（见图 3－27），线损率较之前明显升高很多，每日损失电量 200kWh 左右。

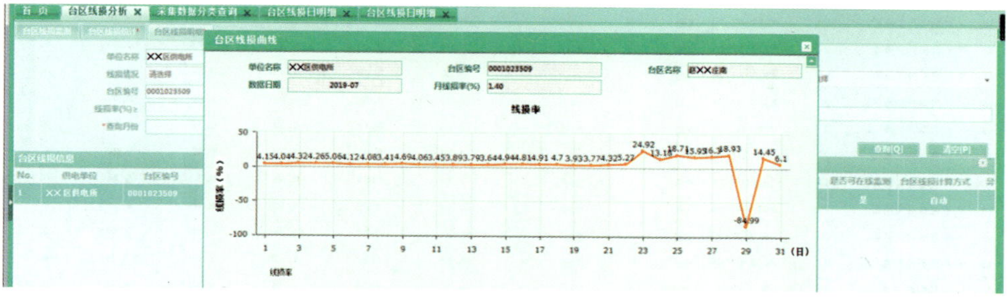

图 3－27　7 月 23 日线损率突增为 24.92%

【原因分析】

首先对该台区进行了重点排查，未发现黑户及窃电情况，该村共有低压用户 68 户，非居民用户 18 户。观察每日线损，都是在 13%～20%波动。监测其电流，发现三相电流不平衡，不平衡率最高达到 69%，见图 3－28。

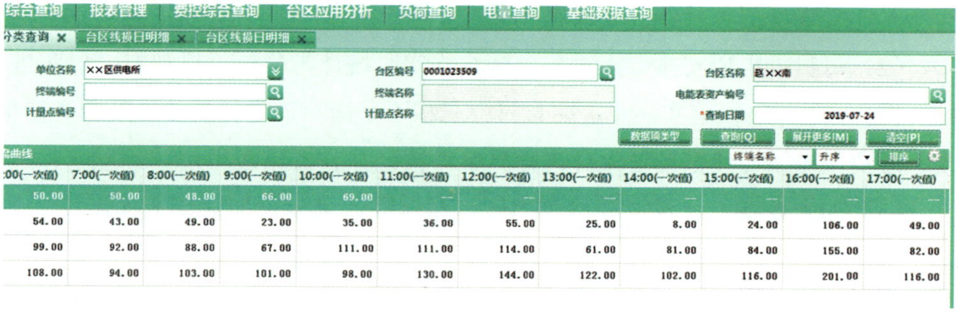

图 3－28　不平衡率最高达到 69%

该台区 7 月 16 日新增小微企业用户一户，无采集异常，初步预判为新装户互感器接线错误。通过用电信息采集系统实时召测该户 7 月 24 日 16 时 C 相电流为－74.01A，其余两相电流为 71.97A 和 67.47A（见图 3－29），导致该台区线损较高。

【整改情况】

7 月 29 日，供电所组织人员对村中继续摸排，并对本月新安装的用户重点

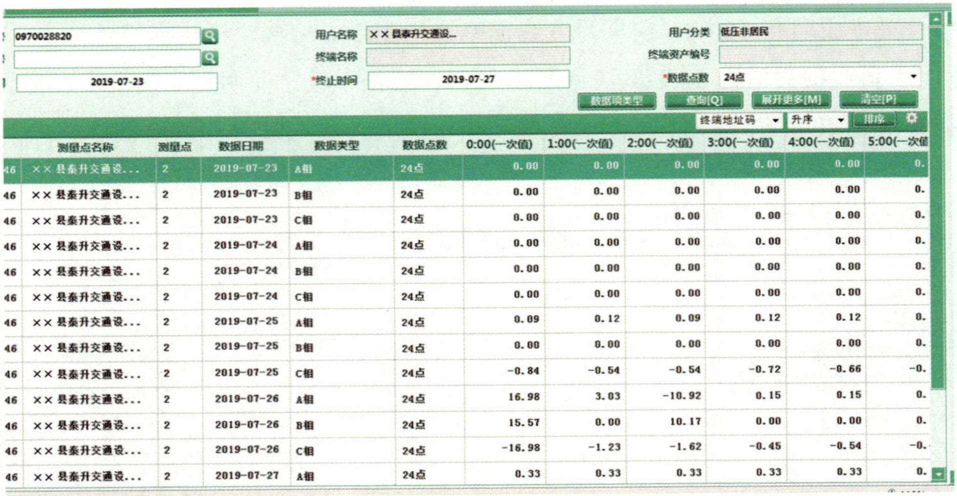

	0970028820	用户名称	××县秦升交通设...	用户分类	低压非居民
		终端名称		终端资产编号	
	2019-07-23	*终止时间	2019-07-27	*数据点数	24点

数据项类型 查询[Q] 展开更多[M] 清空[P]
终端地址码 升序 排序

	测量点名称	测量点	数据日期	数据类型	数据点数	0:00(一次值)	1:00(一次值)	2:00(一次值)	3:00(一次值)	4:00(一次值)	5:00(一次值
46	××县秦升交通设...	2	2019-07-23	A相	24点	0.00	0.00	0.00	0.00	0.00	0.
46	××县秦升交通设...	2	2019-07-23	B相	24点	0.00	0.00	0.00	0.00	0.00	0.
46	××县秦升交通设...	2	2019-07-23	C相	24点	0.00	0.00	0.00	0.00	0.00	0.
46	××县秦升交通设...	2	2019-07-24	A相	24点	0.00	0.00	0.00	0.00	0.00	0.
46	××县秦升交通设...	2	2019-07-24	B相	24点	0.00	0.00	0.00	0.00	0.00	0.
46	××县秦升交通设...	2	2019-07-24	C相	24点	0.00	0.00	0.00	0.00	0.00	0.
46	××县秦升交通设...	2	2019-07-25	A相	24点	0.09	0.12	0.09	0.12	0.12	0.
46	××县秦升交通设...	2	2019-07-25	B相	24点	0.00	0.00	0.00	0.00	0.00	0.
46	××县秦升交通设...	2	2019-07-25	C相	24点	-0.84	-0.54	-0.54	-0.72	-0.66	-0.
46	××县秦升交通设...	2	2019-07-26	A相	24点	16.98	3.03	-10.92	0.15	0.15	0.
46	××县秦升交通设...	2	2019-07-26	B相	24点	15.57	0.00	10.17	0.00	0.00	0.
46	××县秦升交通设...	2	2019-07-26	C相	24点	-16.98	-1.23	-1.62	-0.45	-0.54	-0.
46	××县秦升交通设...	2	2019-07-27	A相	24点	0.33	0.33	0.33	0.33	0.33	0.

图 3-29　7 月 24 日 16 时 C 相电流为 -74.01A

排查，检查发现该户小微企业用户电流线 C 相接反，造成 C 相电流为负、表计计量错误，线损出现高损，工作人员随即将接线进行更正处理。

【防范措施】

（1）加强用户以及考核表计的管理，确保电能计量设备和计量回路完好，互感器连接线良好，杜绝计量事故的发生。

（2）每日供电所安排专人对各台区线损实时统计与分析，日观看、日跟进、日剖析、日结果、日落实，并定期对村中三相不平衡负荷进行观测，限期进行整改、落实，对损坏计量设备人员进行严重考核，并分析原因。

（3）加大设备、计量巡视检查力度，对辖区计量装置加封、上锁。

案例 12　电流互感器故障

【案例描述】

×庄台区长期负线损，每日线损率维持在 -2%～-3%。图 3-30 为 5 月 3 日台区线损率情况。

No.	供电单位	台区编号	台区名称	数据日期	台区总电量	用户总电量	线损电量(kWh)	线损率(%)
1	××供电所	0000492191	××	2019-05-01	270.00	272.00	-2.00	-0.7
2	××供电所	0000492191	××	2019-05-02	286.00	285.00	1.00	0.3
3	××供电所	0000492191	××	2019-05-03	291.00	298.00	-7.00	-2.4

图 3-30　5 月 3 日×庄台区线损率情况

【原因分析】

（1）对台区营销档案进行核对，并无错误。台区采集成功率 100%，不存在影响情况。

（2）查看近期线损曲线、供电量及售电量变化，主站×庄台区近期线损波动，合格时与不合格时节点处供、售电量基本稳定，无明显变化。

（3）查看考核表数据项，核实互感器档案信息。通过主站穿透考核表三相电压、电流、功率因数等数据项，分析基本无明显突变现象，仅存在 A 相电流偏大，考虑台区三相负荷不均衡问题。

（4）分析台区用户用电情况：查看线损率变化节点处的用户用电量，比对上期、本期指示值暂无发现明显电量变化。筛查台区所有三相表计及零电量的单相表计，穿透电压、电流及功率，计算功率因数，从中查出一户电能表上显示电流与钳形电流表检测的电流不一致，怀疑互感器损坏。

【整改情况】

台区经理现场与客户沟通当天更换互感器，并用钳形电流表现场查看电流与电能表电流一致。5 月 5 日该台区线损恢复正常，见图 3－31。

6	××供电所	0000492191	××	2019-05-06	284.00	284.00	0.00		0.00
7	××供电所	0000492191	××	2019-05-07	308.00	304.00	4.00		1.30
8	××供电所	0000492191	××	2019-05-08	314.00	296.00	18.00		5.73

图 3－31　5 月 5 日该台区线损恢复正常

【防范措施】

以用电信息采集系统为平台，以线损率统计分析为手段，开展台区线损异常治理，更有利于及时发现用户的用电异常，第一时间发现带倍率电能表异常并及时处理。

第四章

采集类典型案例

案例 1　数据采集失败

【案例描述】

某台区 2019 年 6 月日度线损率维持在 1%～2%，日线损相对稳定，见图 4-1，但 6 月 17 日查看日线损界面突然出现未基本覆盖，是否可在线监测为否，见图 4-2。

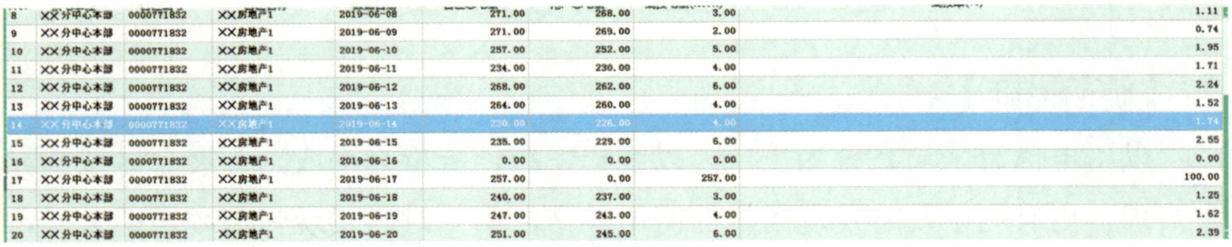

8	XX分中心本部	0000771832	XX房地产1	2019-06-08	271.00	268.00	3.00	1.11
9	XX分中心本部	0000771832	XX房地产1	2019-06-09	271.00	269.00	2.00	0.74
10	XX分中心本部	0000771832	XX房地产1	2019-06-10	257.00	252.00	5.00	1.95
11	XX分中心本部	0000771832	XX房地产1	2019-06-11	234.00	230.00	4.00	1.71
12	XX分中心本部	0000771832	XX房地产1	2019-06-12	268.00	262.00	6.00	2.24
13	XX分中心本部	0000771832	XX房地产1	2019-06-13	264.00	260.00	4.00	1.52
14	XX分中心本部	0000771832	XX房地产1	2019-06-14	230.00	226.00	4.00	1.74
15	XX分中心本部	0000771832	XX房地产1	2019-06-15	235.00	229.00	6.00	2.55
16	XX分中心本部	0000771832	XX房地产1	2019-06-16	0.00	0.00	0.00	0.00
17	XX分中心本部	0000771832	XX房地产1	2019-06-17	257.00	0.00	257.00	100.00
18	XX分中心本部	0000771832	XX房地产1	2019-06-18	240.00	237.00	3.00	1.25
19	XX分中心本部	0000771832	XX房地产1	2019-06-19	247.00	243.00	4.00	1.62
20	XX分中心本部	0000771832	XX房地产1	2019-06-20	251.00	245.00	6.00	2.39

图 4-1　6 月某台区日线损截图

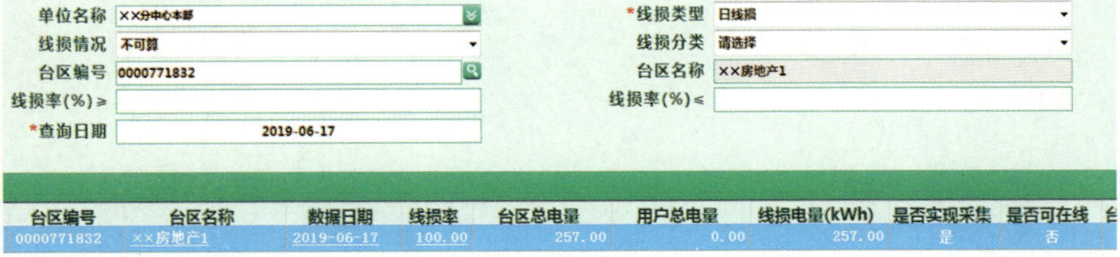

台区编号	台区名称	数据日期	线损率	台区总电量	用户总电量	线损电量(kWh)	是否实现采集	是否可在线
0000771832	××房地产1	2019-06-17	100.00	257.00	0.00	257.00	是	否

图 4-2　6 月 17 日未基本覆盖截图（一）

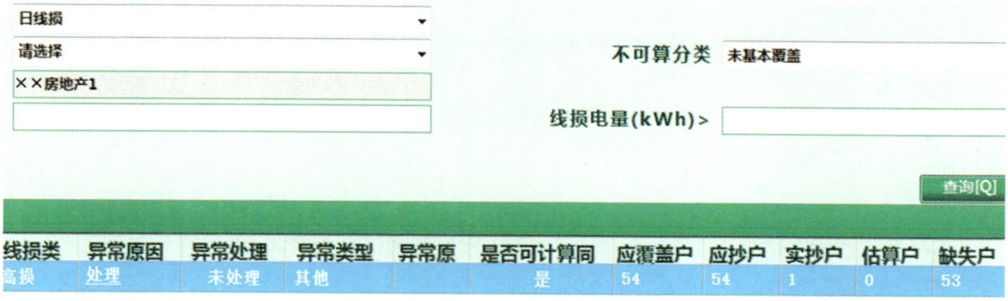

图 4-2　6 月 17 日未基本覆盖截图（二）

【原因分析】

经查询该台区 6 月 17 日终端出现未采集情况，见图 4-3，采集成功率截图见图 4-4，在 6 月 17 日应采电能表数为 54，实采电能表数为 1，在 6 月 19 号查看月线损界面中显示为 1～17 日采集数据，采集成功率为（54×16+1）/（54×17）=94.23%，小于采集成功率最小 98%的要求（台区用户数低于 20 户时，标准要求为 96.5%），导致出现在未基本覆盖中。

台区编号 0000771832　台区名称 ××房地产1　模型
*查询日期 2019-06-17　*对比日期 2019-06-17

供出电量信息

	用户	电能表资产编号	计量点编号	测量点编	电能表倍	日期	对比日期	上次示数(kWh)	本次示数(kWh)	采集电量(kWh)	对比
1	×××		0000264...	89711915	120	2019-06-17	2019-0...	2.11	2.11	0.00	
2	×××		0000265...		1	2019-06-17	2019-0...	–	51.91	0.00	
3	×××		0000265...		1	2019-06-17	2019-0...	–	7318.83	0.00	
4	×××		0000265...		1	2019-06-17	2019-0...	–	10743.32	0.00	
5	×××		0000265...		1	2019-06-17	2019-0...	–	31941.13	0.00	
6	×××		0000265...		1	2019-06-17	2019-0...	–	15301.33	0.00	
7	×××		0000265...		1	2019-06-17	2019-0...	–	20698.3	0.00	
8	×××		0000265...		1	2019-06-17	2019-0...	–	24800.78	0.00	
9	×××		0000265...		1	2019-06-17	2019-0...	–	25272.69	0.00	
10	×××		0000265...		1	2019-06-17	2019-0...	–	2259.77	0.00	
11	×××		0000265...		1	2019-06-17	2019-0...	–	10434.73	0.00	
12	×××		0000265...		1	2019-06-17	2019-0...	–	2624.66	0.00	
13	×××		0000265...		1	2019-06-17	2019-0...	–	3256.21	0.00	
14	×××		0000265...		1	2019-06-17	2019-0...	–	10594.11	0.00	
15	×××		0000265...		1	2019-06-17	2019-0...	–	6451.71	0.00	
16	×××		0000265...		1	2019-06-17	2019-0...	–	8195.59	0.00	
17	×××		0000265...		1	2019-06-17	2019-0...	–	309.2	0.00	
18	×××		0000265...		1	2019-06-17	2019-0...	–	3618.57	0.00	
19	×××		0000265...		1	2019-06-17	2019-0...	–	4931.91	0.00	

图 4-3　6 月台区用户线损计算上次示数截图

【整改情况】

经咨询计量处，未采集的原因为终端出现状况，除了台区关口表已采集，台区用户表未能采集，计量及时尽行了补召。经查询，6 月 18 日日线损情况中未基本覆盖问题解决，均实现了采集，见图 4-5。

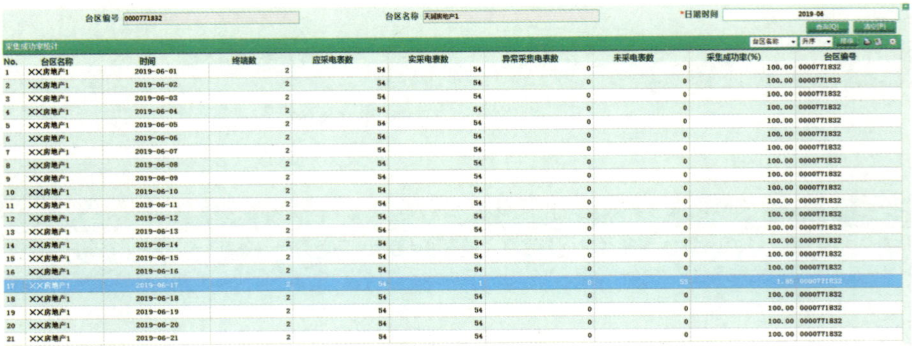

台区编号 0000771832　　台区名称 天翼房地产1　　*日期时间 2019-06

查询[Q]　清空[R]

采集成功率统计

No.	台区名称	时间	终端数	应采电表数	实采电表数	异常采集电表数	未采电表数	采集成功率(%)	台区编号
1	XX房地产1	2019-06-01	2	54	54	0	0	100.00	0000771832
2	XX房地产1	2019-06-02	2	54	54	0	0	100.00	0000771832
3	XX房地产1	2019-06-03	2	54	54	0	0	100.00	0000771832
4	XX房地产1	2019-06-04	2	54	54	0	0	100.00	0000771832
5	XX房地产1	2019-06-05	2	54	54	0	0	100.00	0000771832
6	XX房地产1	2019-06-06	2	54	54	0	0	100.00	0000771832
7	XX房地产1	2019-06-07	2	54	54	0	0	100.00	0000771832
8	XX房地产1	2019-06-08	2	54	54	0	0	100.00	0000771832
9	XX房地产1	2019-06-09	2	54	54	0	0	100.00	0000771832
10	XX房地产1	2019-06-10	2	54	54	0	0	100.00	0000771832
11	XX房地产1	2019-06-11	2	54	54	0	0	100.00	0000771832
12	XX房地产1	2019-06-12	2	54	54	0	0	100.00	0000771832
13	XX房地产1	2019-06-13	2	54	54	0	0	100.00	0000771832
14	XX房地产1	2019-06-14	2	54	54	0	0	100.00	0000771832
15	XX房地产1	2019-06-15	2	54	54	0	0	100.00	0000771832
16	XX房地产1	2019-06-16	2	54	54	0	0	100.00	0000771832
17	XX房地产1	2019-06-17	2	54	1	0	53	1.85	0000771832
18	XX房地产1	2019-06-18	2	54	54	0	0	100.00	0000771832
19	XX房地产1	2019-06-19	2	54	54	0	0	100.00	0000771832
20	XX房地产1	2019-06-20	2	54	54	0	0	100.00	0000771832
21	XX房地产1	2019-06-21	2	54	54	0	0	100.00	0000771832

图 4-4　6 月台区用户采集成功率截图

单位名称 ××分中心本部　　*线损类型 日线损
线损情况 请选择　　线损分类 请选择
台区编号 0000771832　　台区名称 ××房地产1
损率(%)≥　　线损率(%)≤
*查询日期 2019-06-18

台区编号	台区名称	数据日期	线损率	台区总电量	用户总电量	线损电量(kWh)	是否实现采集	是否可在线
0000771832	××房地产1	2019-06-18	1.25	240.00	237.00	3.00	是	是

*线损类型 日线损
线损分类 请选择　　不可算分类 请选择
台区名称 ××房地产1
线损率(%)≤　　线损电量(kWh)>

查询[Q]

损计算	异常线损类	异常原因	异常处理	异常类型	异常原	是否可计算同	应覆盖户	应抄户	实抄户	估算户	缺失户
动	正常	处理				是	54	54	54	0	0

台区编号 0000771832　　台区名称 ××房地产1　　模型建
*查询日期 2019-06-18　　*对比日期 2019-06-18

供出电量信息

	用户	电能表资产编号	计量点编号	测量点编	电能表倍	日期	对比日期	上次示数(kWh)	本次示数(kWh)	采集电量(kWh)	对比E
1	×××		0000264...	89711915	120	2019-06-18	2019-06-18	2.11	2.11	0.00	
2	×××		0000265...		1	2019-06-18	2019-06-18	51.91	51.91	0.00	
3	×××		0000265...		1	2019-06-18	2019-06-18	7318.83	7321.93	3.00	
4	×××		0000265...		1	2019-06-18	2019-06-18	10743.32	10745.86	3.00	
5	×××		0000265...		1	2019-06-18	2019-06-18	31941.13	31948.87	8.00	
6	×××		0000265...		1	2019-06-18	2019-06-18	15301.33	15305.4	4.00	
7	×××		0000265...		1	2019-06-18	2019-06-18	20698.3	20704.78	6.00	
8	×××		0000265...		1	2019-06-18	2019-06-18	24800.78	24803.42	3.00	
9	×××		0000265...		1	2019-06-18	2019-06-18	25272.69	25279.58	7.00	
10	×××		0000265...		1	2019-06-18	2019-06-18	2259.77	2259.77	0.00	
11	×××		0000265...		1	2019-06-18	2019-06-18	10434.73	10439.66	5.00	
12	×××		0000265...		1	2019-06-18	2019-06-18	2624.66	2627.55	3.00	
13	×××		0000265...		1	2019-06-18	2019-06-18	3256.21	3260.97	5.00	
14	×××		0000265...		1	2019-06-18	2019-06-18	10594.11	10597.22	3.00	
15	×××		0000265...		1	2019-06-18	2019-06-18	6451.71	6452.64	1.00	
16	×××		0000265...		1	2019-06-18	2019-06-18	8195.59	8197.11	2.00	
17	×××		0000265...		1	2019-06-18	2019-06-18	309.2	313.9	5.00	
18	×××		0000265...		1	2019-06-18	2019-06-18	3618.57	3619.79	1.00	
19	×××		0000265...		1	2019-06-18	2019-06-18	4931.91	4933.98	2.00	

图 4-5　采集成功情况

【防范措施】

台区下用户未采集及时补召，不能补召成功的及时现场检修或更换终端；加强台区档案与采集成功率监控，对经常采集成功率低的台区进行原因梳理，对信号弱的情况及时采取措施保证采集成功率达到100%。

案例2 地下室信号弱导致线损异常

【案例描述】

某台区2019年9月19日开始供入电量为0，供出电量正常，见图4-6。

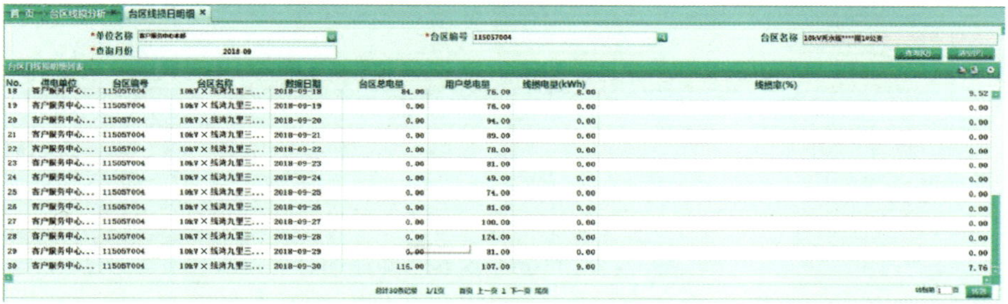

No.	供电单位	台区编号	台区名称	数据日期	台区总电量	用户总电量	线损电量(kWh)	线损率(%)
18	客户服务中心...	115057004	10kV×线湾九里三...	2018-09-18	84.00	76.00	8.00	9.52
19	客户服务中心...	115057004	10kV×线湾九里三...	2018-09-19	0.00	76.00	0.00	0.00
20	客户服务中心...	115057004	10kV×线湾九里三...	2018-09-20	0.00	94.00	0.00	0.00
21	客户服务中心...	115057004	10kV×线湾九里三...	2018-09-21	0.00	89.00	0.00	0.00
22	客户服务中心...	115057004	10kV×线湾九里三...	2018-09-22	0.00	78.00	0.00	0.00
23	客户服务中心...	115057004	10kV×线湾九里三...	2018-09-23	0.00	81.00	0.00	0.00
24	客户服务中心...	115057004	10kV×线湾九里三...	2018-09-24	0.00	49.00	0.00	0.00
25	客户服务中心...	115057004	10kV×线湾九里三...	2018-09-25	0.00	74.00	0.00	0.00
26	客户服务中心...	115057004	10kV×线湾九里三...	2018-09-26	0.00	81.00	0.00	0.00
27	客户服务中心...	115057004	10kV×线湾九里三...	2018-09-27	0.00	100.00	0.00	0.00
28	客户服务中心...	115057004	10kV×线湾九里三...	2018-09-28	0.00	124.00	0.00	0.00
29	客户服务中心...	115057004	10kV×线湾九里三...	2018-09-29	0.00	81.00	0.00	0.00
30	客户服务中心...	115057004	10kV×线湾九里三...	2018-09-30	116.00	107.00	9.00	7.76

图4-6 9月台区日线损明细

【原因分析】

该台区考核表9月18日起终端停电，日冻结表码未采集，判断为计量装置故障或现场信号弱。

【整改情况】

9月20日，装表接电班工作人员前往现场进行检查，现场电能表和终端均有电，故障原因为现场通信信号弱。工作人员联系通信运营公司，通信运营公司答复现场信号放大器故障，新的信号放大器需要从异地运过来。接下来的一周，工作人员反复催促，但现场信号弱的问题未得到及时解决。9月29日，工作人员将多条长天线进行连接，最终将天线引至室外，信号弱的问题得以解决，线损恢复正常。

【防范措施】

与通信运营公司多进行沟通，确保现场通信信号强度；遇到问题多思考，发散思维想办法解决问题。

案例3 采集数据错误

【案例描述】

×台区前期月度线损率维持在0.5%～1%，日线损相对稳定，2019年11月

21 日，日线损突增为 56.58%，线损极其异常，11 月 21 日后线损率恢复至 1% 左右，见图 4-7。

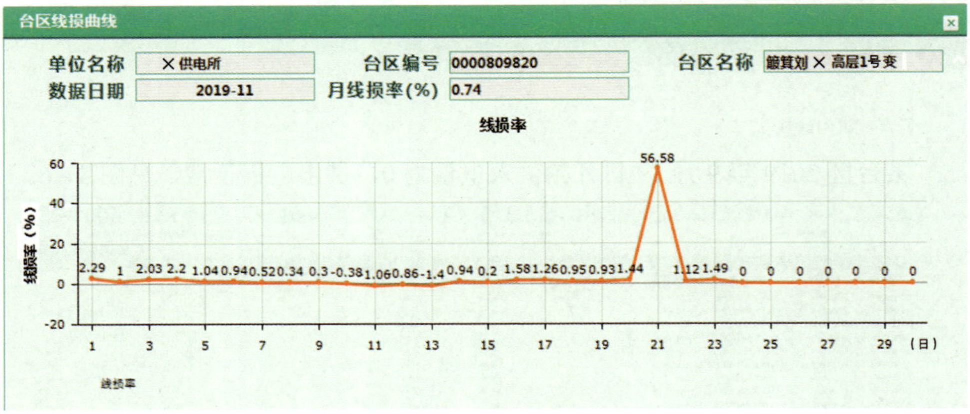

图 4-7　11 月台区线损曲线图

【原因分析】

该台区日线损非常平稳，为优质台区，线损率非常好，但是在 2019 年 11 月 21 日线损突然异常，线损率为 56.58%，经过系统核实，发现一表计在更换后，未在采集系统中及时下发该表计的参数，造成表计在 11 月 21 日采集表码为旧表止码，造成改表采集电量为负电量，台区日线损为高损。新、旧电能表的采集系统中表码见图 4-8 和图 4-9，采集系统 2019 年 11 月 22 日日线损供出电量见图 4-10。

电能表资产编号	测量点名称	测量点序	数据日期	表码记录时间	数据质量	正向有功	正
	×××省××市...	63	2019-11-21	2019-11-22 01:13:00	正常采集	589.33	
	×××省××市...	63	2019-11-22	2019-11-22 13:34:32	正常采集	0.00	
	×××省××市...	63	2019-11-23	2019-11-23 01:35:12	正常采集	0.00	
	×××省××市...	63	2019-11-24	2019-11-24 01:25:12	正常采集	0.00	
	×××省××市...	63	2019-11-25	2019-11-25 01:07:48	正常采集	0.00	

图 4-8　新电能表的采集系统中表码

	电能表资产编号	测量点编	测量点序	数据日期	表码记录时间	数据质量	正向有功
1		301066105	63	2019-11-18	2019-11-18 01:09:30	正常采集	583.10
2		301066105	63	2019-11-19	2019-11-19 01:37:15	正常采集	583.10
3		301066105	63	2019-11-20	2019-11-20 01:38:19	正常采集	588.29
4		301066105	63	2019-11-21	2019-11-21 01:23:36	正常采集	589.33

图 4-9　旧电能表的采集系统中表码

电能表资产编号	计量点编号	测量点编	电能表倍	日期	对比日期	上次示数(kWh)	本次示数(kWh)	采集电量(kWh)	对比日采集电量
	00003367873	301066083	1	2019-11-22	2019-11-21	0. 61	0. 61	0. 00	0. 00
	00003367874	301066074	1	2019-11-22	2019-11-21	439. 84	439. 84	0. 00	0. 00
	00003367875	301066086	1	2019-11-22	2019-11-21	140. 84	140. 84	0. 00	0. 00
	00003367877	301066059	1	2019-11-22	2019-11-21	2. 66	2. 66	0. 00	0. 00
	00003367878	301066075	1	2019-11-22	2019-11-21	2. 51	2. 51	0. 00	0. 00
	00003372379	301066080	1	2019-11-22	2019-11-21	47. 28	48. 94	2. 00	0. 00
	00003372380	267925397	1	2019-11-22	2019-11-21	3. 02	3. 02	0. 00	0. 00
	00003372381	301066060	1	2019-11-22	2019-11-21	0. 17	0. 17	0. 00	0. 00
	00003372382	301066076	1	2019-11-22	2019-11-21	393. 2	393. 2	0. 00	0. 00
	00003372383	327853595	1	2019-11-22	2019-11-21	57. 53	57. 79	0. 00	0. 00
	00003372384	301066087	1	2019-11-22	2019-11-21	45. 8	45. 8	0. 00	0. 00
	00003372385	327853620	1	2019-11-22	2019-11-21	0.	0.	0. 00	0. 00
	00003372386	331247717	1	2019-11-22	2019-11-21	0.	0.	0. 00	-589. 00
	00003372387	301066108	1	2019-11-22	2019-11-21	0. 4	0. 4	0. 00	0. 00
	00003372388	327853677	1	2019-11-22	2019-11-21	0.	0.	0. 00	0. 00
	00003372389	301066065	1	2019-11-22	2019-11-21	14. 92	14. 92	0. 00	0. 00
	00003372390	301066098	1	2019-11-22	2019-11-21	124. 44	124. 82	0. 00	0. 00
	00003372391	267925243	1	2019-11-22	2019-11-21	1. 91	1. 91	0. 00	0. 00
	00003372392	267353564	1	2019-11-22	2019-11-21	114. 82	114. 82	0. 00	0. 00
	00003372393	301066070	1	2019-11-22	2019-11-21	0. 53	0. 53	0. 00	0. 00
	00003372394	301066090	1	2019-11-22	2019-11-21	354. 37	354. 37	0. 00	0. 00
	00003372395	301066103	1	2019-11-22	2019-11-21	2. 65	2. 65	0. 00	0. 00

图 4－10　采集系统 2019 年 11 月 22 日日线损供出电量

【整改情况】

发现此问题之后，采集运维人员立刻针对此电能表所在终端 000100845914，重新下发参数，并在采集系统中召测表计信息，确认无误。

【防范措施】

根据这类情况，召集换表人员进行工作研讨，制订换表流程及采集交接制度，规定更换表计之后，在营销系统进行终端调试后，立即在用电信息采集系统中进行终端参数、任务、事件的下发，并及时进行相关参数的召测，保证下发参数、数据采集正确。

案例 4　台区总表与分表采集数据不同期

【案例描述】

某台区前期月度线损率维持在 3%～4%，日线损相对稳定，2019 年 11 月 5 日，线损突增为 8.6%，随后一直日线损较高，见图 4－11。

【原因分析】

该台区档案无异常，经查看系统发现电能表采集时间非零点冻结时间。经查为当天数据补召太晚（见图 4－12），前一日日线损已计算完毕，造成这几块电能表前一日的日电量未计入线损中，线损率增高。

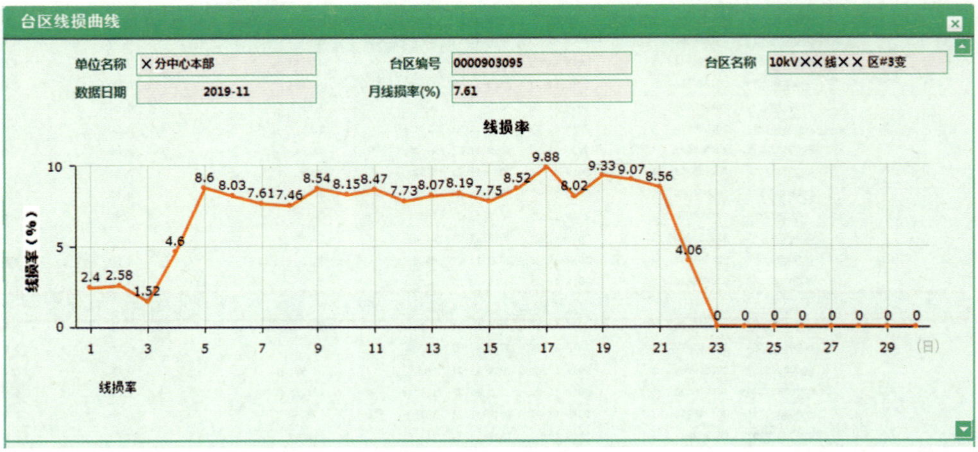

图 4-11　11 月台区线损折线图

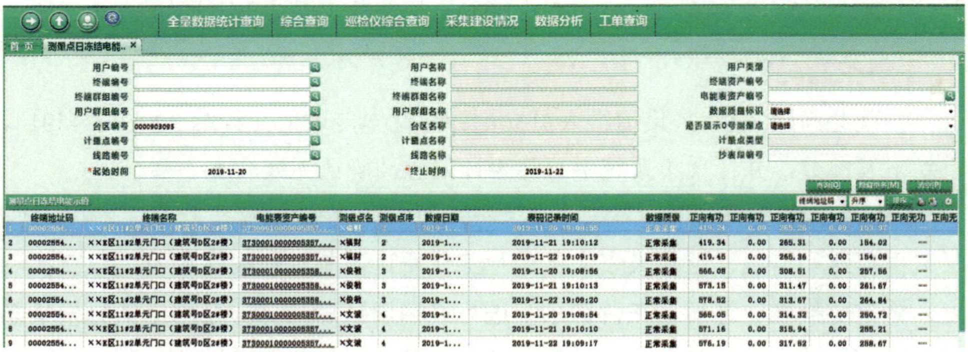

图 4-12　表计记录时间较晚

【整改情况】

计量人员到达现场，对终端进行更换并重新上线。表码数据更正为零点冻结数据。

【防范措施】

加强日均用电信息采集率的消缺工作。认真分析未采表码的情况，并及时处理。

案例 5 采集数据与实际不对应

【案例描述】

某台区前期正常月日线损率维持在 3%～6%，之前因台区已表计故障少计造成日线损波动，后期相对稳定，但是 2019 年 7 月 30 日，日线损突增为 24.63%，7 月 31 日日线损为－48.26%；8 月又恢复正常，见图 4－13。

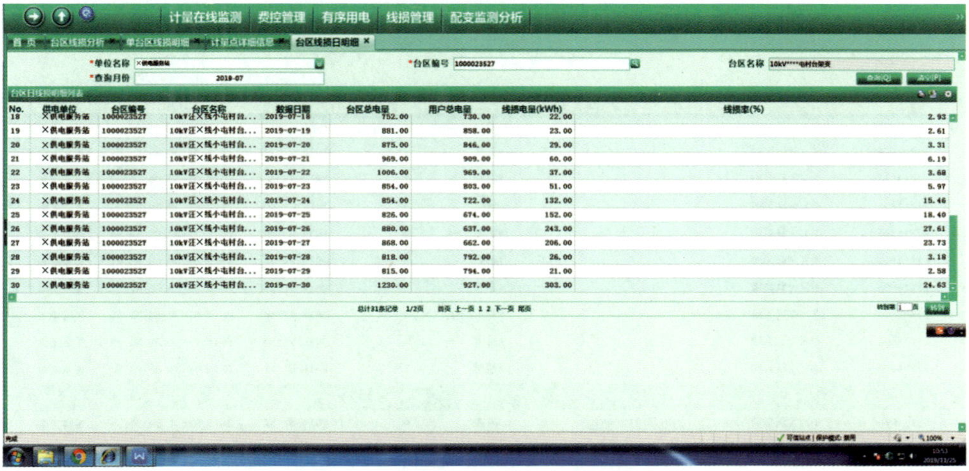

No.	供电单位	台区编号	台区名称	数据日期	台区总电量	用户总电量	线损电量(kWh)	线损率(%)
18	×供电服务站	1000023527	10kV汪×线小屯村台...	2019-07-18	752.00	730.00	22.00	2.93
19	×供电服务站	1000023527	10kV汪×线小屯村台...	2019-07-19	881.00	858.00	23.00	2.61
20	×供电服务站	1000023527	10kV汪×线小屯村台...	2019-07-20	875.00	846.00	29.00	3.31
21	×供电服务站	1000023527	10kV汪×线小屯村台...	2019-07-21	969.00	909.00	60.00	6.19
22	×供电服务站	1000023527	10kV汪×线小屯村台...	2019-07-22	1006.00	969.00	37.00	3.68
23	×供电服务站	1000023527	10kV汪×线小屯村台...	2019-07-23	854.00	803.00	51.00	5.97
24	×供电服务站	1000023527	10kV汪×线小屯村台...	2019-07-24	854.00	722.00	132.00	15.46
25	×供电服务站	1000023527	10kV汪×线小屯村台...	2019-07-25	826.00	674.00	152.00	18.40
26	×供电服务站	1000023527	10kV汪×线小屯村台...	2019-07-26	880.00	637.00	243.00	27.61
27	×供电服务站	1000023527	10kV汪×线小屯村台...	2019-07-27	868.00	662.00	206.00	23.73
28	×供电服务站	1000023527	10kV汪×线小屯村台...	2019-07-28	818.00	792.00	26.00	3.18
29	×供电服务站	1000023527	10kV汪×线小屯村台...	2019-07-29	815.00	794.00	21.00	2.58
30	×供电服务站	1000023527	10kV汪×线小屯村台...	2019-07-30	1230.00	927.00	303.00	24.63

图 4－13　7 月 31 日台区线损情况

【原因分析】

该台区档案未调整，无计量装置异常（除去 2019 年 7 月 24～27 日，这段时间是因一客户偏相过载造成表计少计），7 月 30 日高损，7 月 31 日负损初步预判为采集数据应用异常。通过用电信息采集系统查阅关口表（资产编号 370110029413169）7 月 30 日的日线损为 24.63%，通过需求侧系统查看异常原因关口表 7 月 31 日的日冻结表码时间为“2019－07－31 10:59:17（表码 7761.53）”。台区下供出计量电日冻结采集时间为“2019－07－31 00:35:35”，关口表日冻结与供出计量点日冻结时间不一致使供电量增大，导致台区 7 月 30 日线损过大。8 月 1 日关口表日冻结的表码时间为“2019－08－01 01:14:54（表码 7766.98）”，关口表日冻结时间不一致，采集到 30 日积累电量，导致台区 7 月 31 日线损为负，见图 4－14。

No.	终端名称	终端地址码	电能表资产编号	测量点序号	数据日期	表码记录时间	数据质量标识	正向有功总	正向有功:
1	×站汪北线（小屯）	23870792		2	2019-07-31	2019-07-31 10:59:17	正常采集	7761.53	1330.

No.	终端地址码	终端名称	电能表资产编号	测量点名称	测量点序号	数据日期	表码记录时间	数据质量标识
1	000026516212	汪×镇××村		*先英	4	2019-07-30	2019-07-30 06:55:04	正常采集
15	21714898	小×大队后增		*培利	7	2019-07-30	2019-07-30 06:55:33	正常采集
7	21714898	小×大队后增		*培胜	3	2019-07-30	2019-07-30 06:56:35	正常采集
13	21714898	小×大队后增		*元杰	6	2019-07-30	2019-07-30 06:56:36	正常采集
5	21714898	小×大队后增		*基明	2	2019-07-30	2019-07-30 06:56:37	正常采集
11	21714898	小×大队后增		*培童	5	2019-07-30	2019-07-30 06:56:37	正常采集
3	20499266	北×市××镇××村...		*登市汪曍...	2	2019-07-30	2019-07-30 06:55:38	正常采集
9	21714898	小×大队后增		*希太	4	2019-07-30	2019-07-30 06:56:39	正常采集
16	21714898	小×大队后增		*培利	7	2019-07-31	2019-07-31 00:35:33	正常采集
[illegible]	21714898	小×大队后增	370110018264825	*培胜	3	2019-07-31	2019-07-31 00:35:35	正常采集
14	21714898	小×大队后增	370110018264827	*元杰	6	2019-07-31	2019-07-31 00:35:36	正常采集
5	21714898	小×大队后增	370110018264818	*基明	2	2019-07-31	2019-07-31 00:35:38	正常采集

No.	终端名称	终端地址码	电能表资产编号	测量点序号	数据日期	表码记录时间	数据质量标识	正向有功总	正向有功:
1	×站汪北线（小屯）	23870792		2	2019-08-01	2019-08-01 01:14:54	正常采集	7766.98	1331.

图 4-14 关口表冻结时间不一致

【整改情况】

2019 年 8 月 1 日，用电检查人员到达现场，通过查看计量装置以及现场勘查，未发现计量装置异常。从考核表计接线看，电压、电流进出线连接正确无误，属于系统采集应用数据差错。

【防范措施】

现场计量装置安装规范，箱表“三封一锁”完整；加强台区日线损监控，及时发现异常；应用系统功能，通过电能表开盖记录、失压断相、客户日用电量对比等技术手段排查分析，加强采集系统运行监控，及时处理异常。同时加强台区现场巡视力度，定期开展现场核查。

案例 6　采集数据不全

【案例描述】

某台区前期月度线损率维持在 2%～3%，日线损相对稳定，2019 年 9 月 3 日，日线损突降为 – 8.43%，且日线损持续负损，见图 4 – 15。

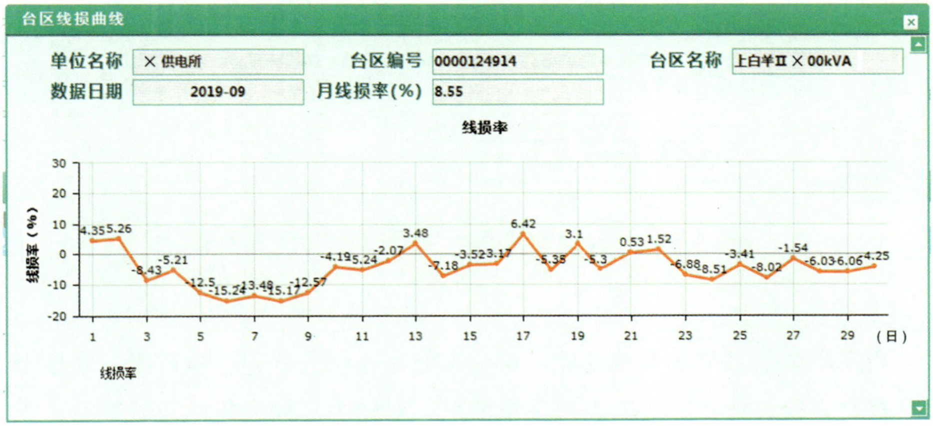

图 4 – 15　9 月台区线损折线图

【原因分析】

该台区在 9 月 3 日前未做台户挂接关系调整，在用电信息采集系统中查询台区每日采集成功率均为 100%，台区下有一户光伏客户，初步怀疑为总表或光伏表计出现异常。查看采集系统中日线损负损值最大时的线损情况（9 月 6 日，见图 4 – 16），发现台区当日供入电量中光伏表计缺失上次示数和本次示数，确定为该光伏表计问题。

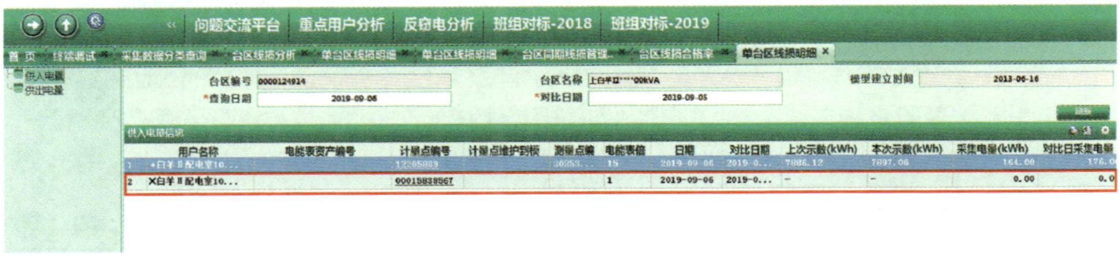

图 4 – 16　9 月 6 日台区供入电量

【整改情况】

检查人员查询该光伏表计 2019 年 9 月的日采集情况，表计每日正常采集，但自 9 月 4 日起该光伏表计每日只采集正向表码，而缺失反向表码，因此，可判定该台区日线损负损是由于该表计采集数据不全造成的，随后台区经理到现场查看电能表，表计正、反向表码都无异常，供电所采集人员在采集系统中查看光伏表计所在终端的采集任务配置，发现该终端反向日冻结任务丢失，后重新下发了采集任务，见图 4－17。

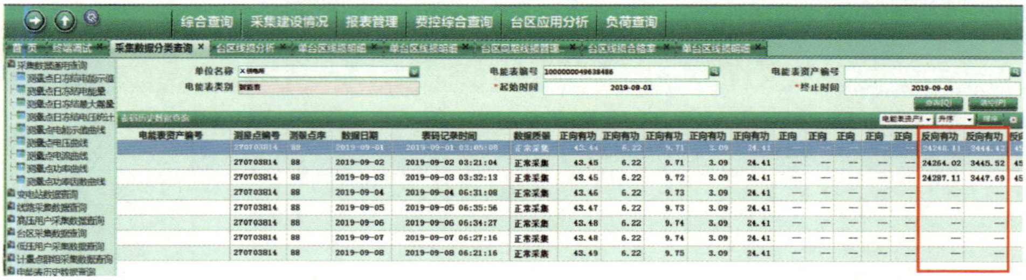

图 4－17　光伏表计 9 月 1～8 日的日冻结电能示值

【防范措施】

利用用电信息采集系统功能，对全部低压光伏表计建计量群组，安排专人每日查看光伏表计正、反向表码采集情况，对缺失反向表码的及时补召，无法成功补召的核查终端采集任务和现场表计，发现问题后迅速处理，尽可能避免对台区线损产生影响。

案例 7　采集原因造成台区线损异常

【案例描述】

某台区前期线损率一直正常，2019 年 8 月 6 日，日线损突然升高到 75.19%，导致月线损不合格，见图 4－18 和图 4－19。

图 4－18　台区日线损情况

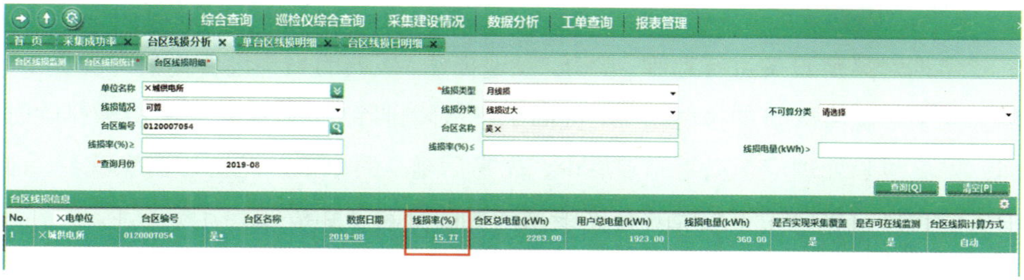

图 4-19　台区月线损情况

【原因分析】

对该台区供出电量中各用户的采集电量进行排序分析，排除了表码突变情况。通过采集系统查询该台区表码数据采集情况，发现 8 月 6 日和 7 日该台区表码均采集正常。查询“表码记录时间”发现该台区一个集中器下用户表码记录时间为 17:37:02（见图 4-20），经询问台区管理人员，该集中器因 485 通信线故障，排除故障时间较晚，因此表码上传系统时间较晚。造成该台区部分用户当天用电量未统计到线损计算中，台区线损异常。

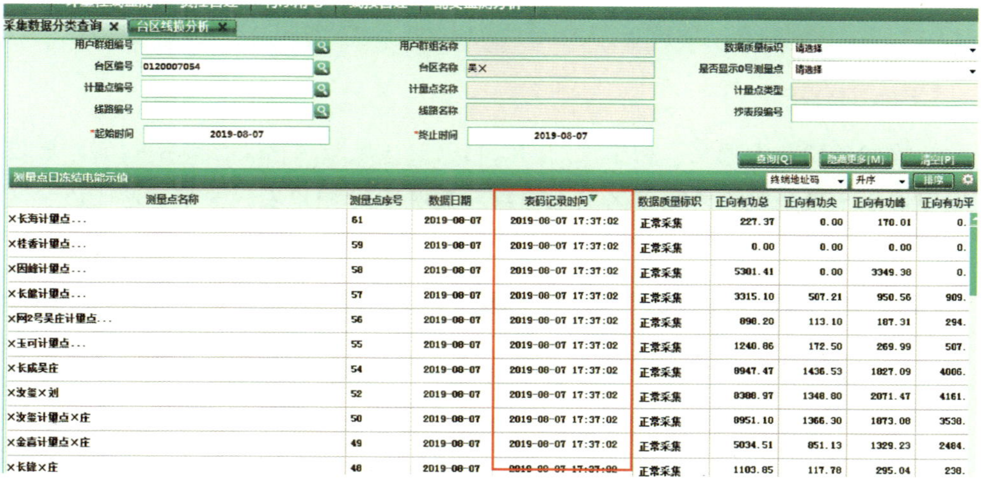

图 4-20　表码上传系统时间

【整改情况】

台区管理人员更换了该台区部分老旧、破损的 485 通信线，重新紧固了电杆上的接头。

【防范措施】

定期对采集设备进行巡视、检查，发现损坏、破旧的采集设备提前进行更换；加强对采集运维人员的技能培训，提高采集故障排除效率，缩短采集故障排除时间；采集故障处理应遵循“先多后少、先易后难”的原则，优先处理故障多、面积大的台区，将因采集故障对台区线损造成的影响降到最低。

案例 8　采集表码跳变

【案例描述】

某台区前期月度线损率维持在 3%～4%，日线损相对稳定，2019 年 11 月 19 日，累计线损突增为 24.19%，线损率较之前明显升高，见图 4－21。

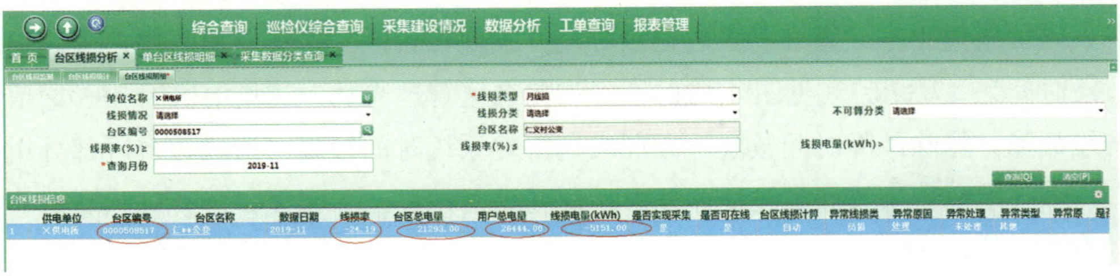

图 4－21　2019 年 11 月 19 日月线损图

【原因分析】

该台区档案未调整，初步预判为表码突变（见图 4－22～图 4－26）。通过用电信息采集系统查询该台区供入电量，发现 4 个用户表码变小，造成该台区线损异常。

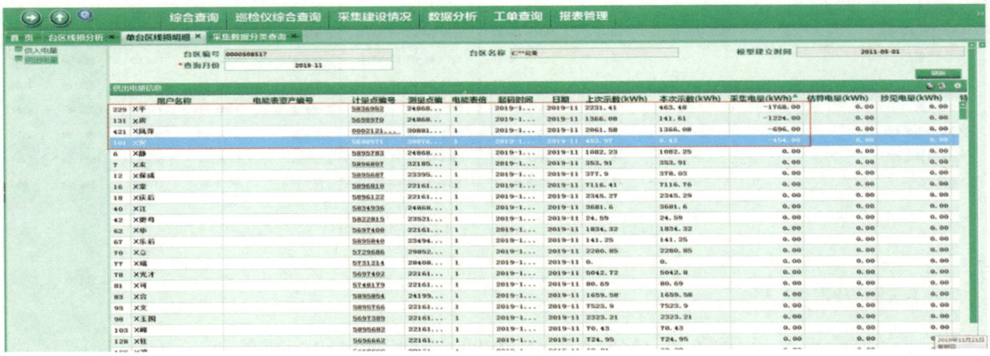

图 4－22　该台区 4 个用户存在表码突变

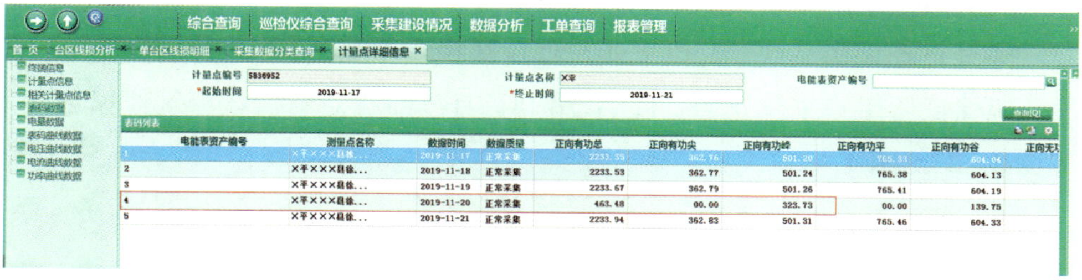

图 4-23　计量点新平表码突变情况

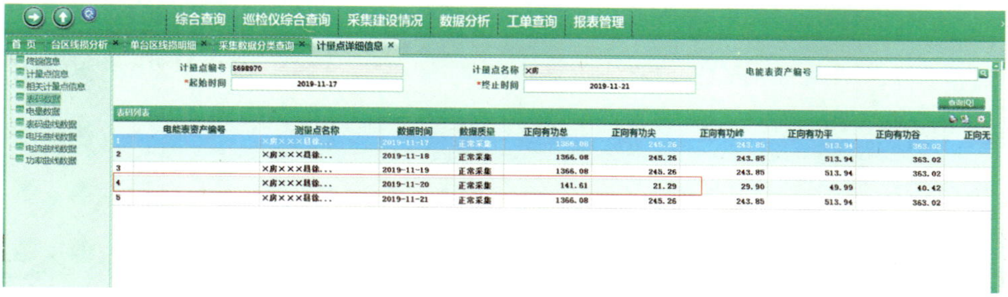

图 4-24　计量点新房表码突变情况

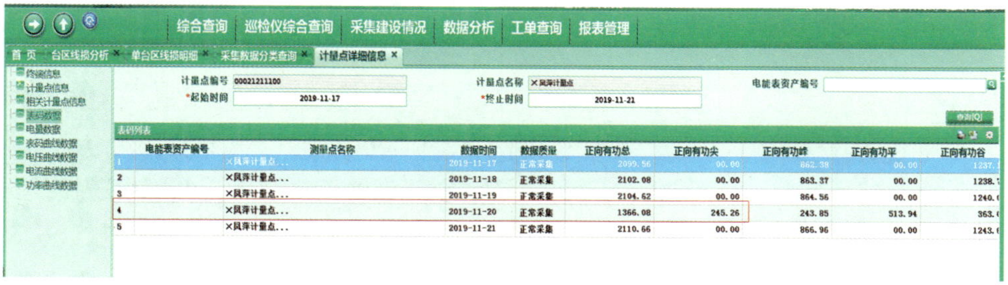

图 4-25　计量点粟风萍表码突变情况

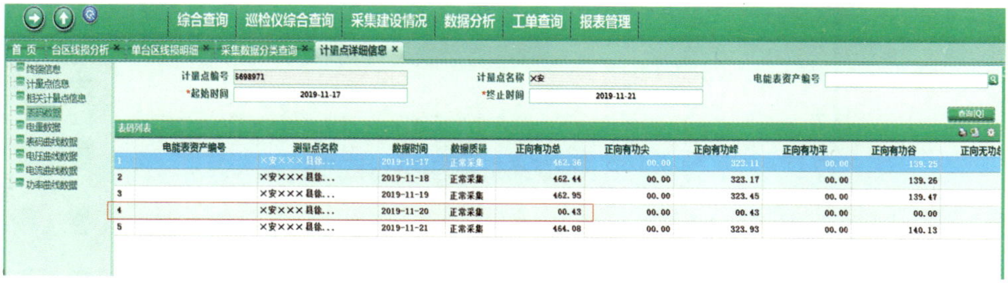

图 4-26　计量点章安表码突变情况

【整改情况】

通过查看采集系统，对以上4户低压居民集中器清理参数任务后重新下发，确保低压用户采集正常。11月20日，月度线损更新后该台区线损正常，见图4-27～图4-31。

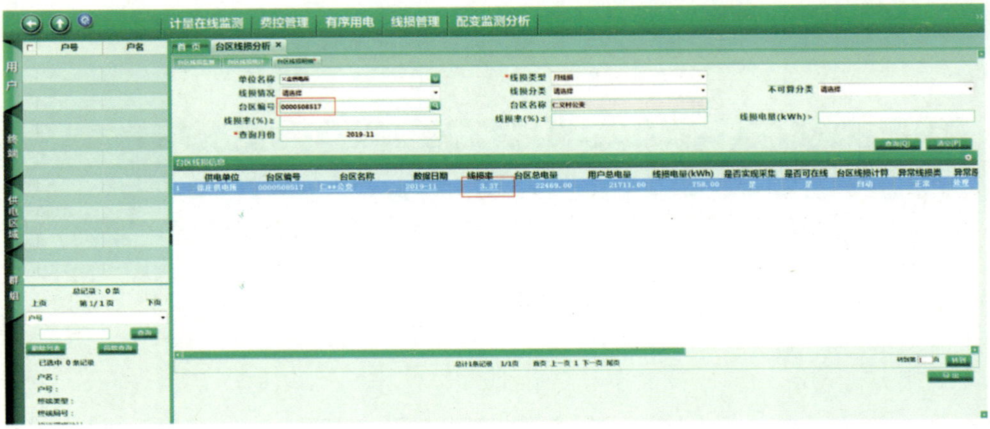

图4-27　11月20日月度线损更新后截图

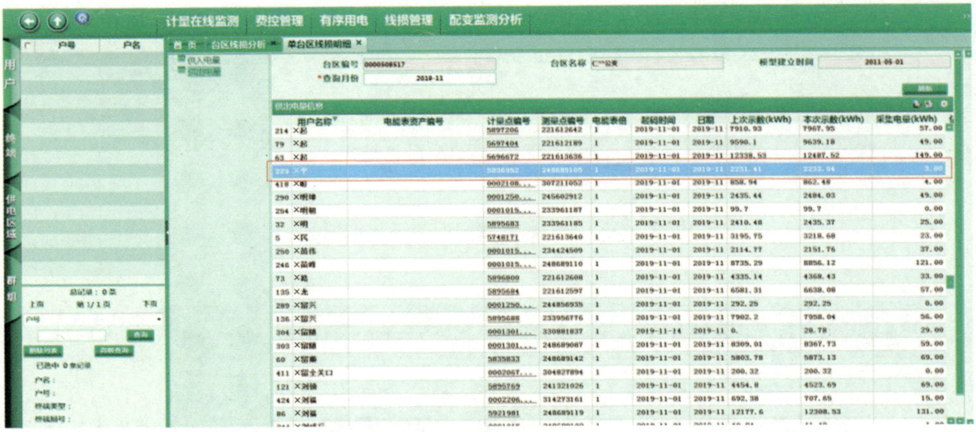

图4-28　计量点新平表码计算正常

图 4－29　计量点新房表码计算正常

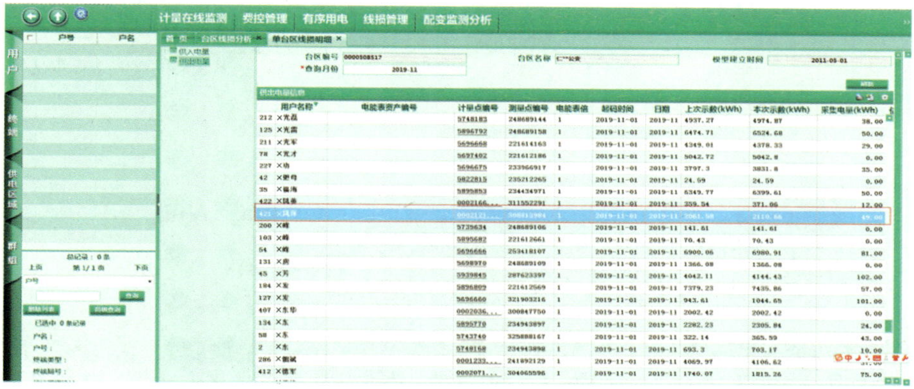

图 4－30　计量点粟风萍表码计算正常

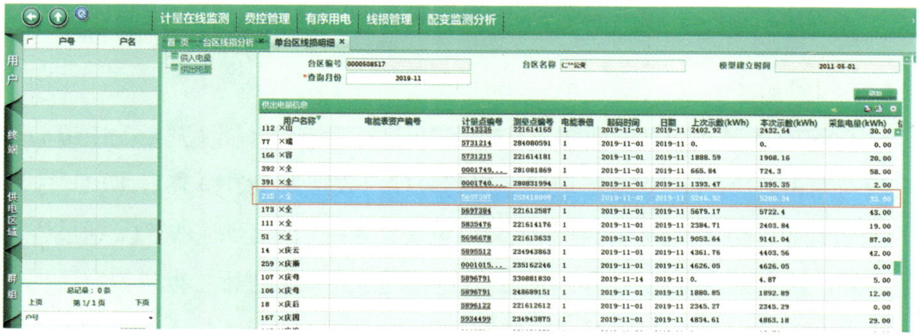

图 4－31　计量点章安表码计算正常

【防范措施】

加强台区日线损监控，及时发现采集异常；应用系统功能，通过电能表日用电量对比等技术手段排查分析，预判表码跳变。

案例 9　销户档案维护不及时

【案例描述】

×台区前期月度线损率维持在 2%～4%，日线损相对稳定，2019 年 11 月 23 日查看月线损界面突然出现未基本覆盖，是否实现采集为否，线损情况为不可算，见图 4－32。

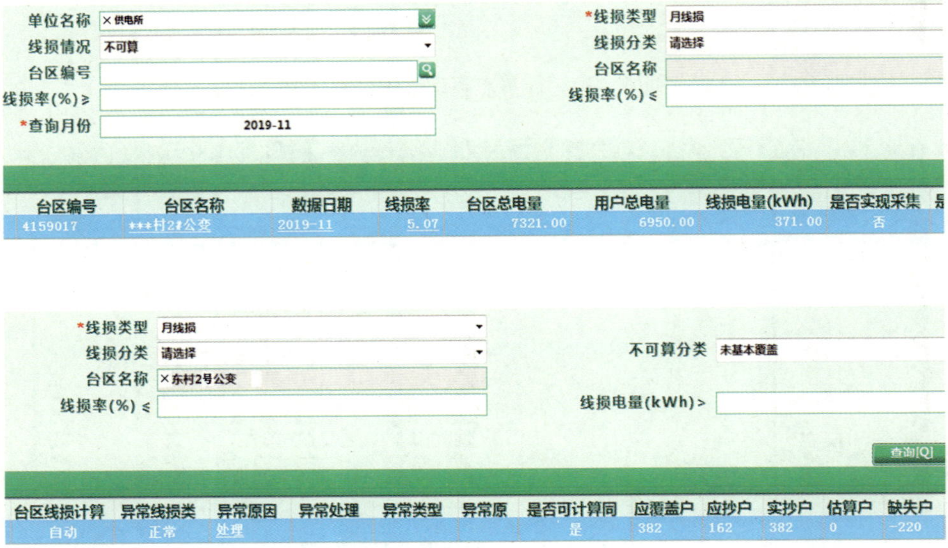

图 4－32　11 月台区为未基本覆盖图

【原因分析】

经查询应覆盖和应抄户数知，在 11 月 20 日查看该台区档案户数为应覆盖和应抄户数均为 381 户，11 月 21 日应覆盖户和应抄户数则为 382 和 162，即 11 月 21～22 日有过调整，初步预判为营销系统和用电采集系统档案不一致导致。通过咨询台区经理知，该台区为拆迁村，11 月 21 日进行通过走调试进行了批量销户流程，共计 220 户，11 月 21 日上午进行了现场拆装表计工作，11 月 21 日下午进行了走工单流程，但是走工单的归档流程 11 月 22 日才完成，因此 11 月 23 日查看月线损时，对应 21 号数据来源，应覆盖户数来自营销系统，由于未归档仍然为 381 户，而应抄户数变为了 161 户，导致应抄/应覆盖=42.26%，小于未基本覆盖要求最小值 98%，因此出现未基本覆盖情况，见图 4－33 和图 4－34。

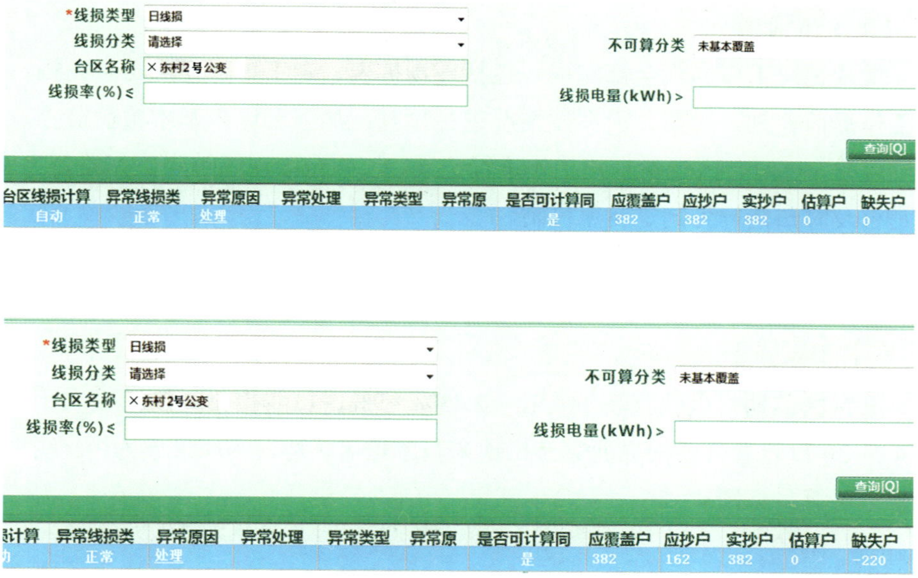

图 4-33 11 月 20 日与 11 月 21 日应覆盖应抄情况对比

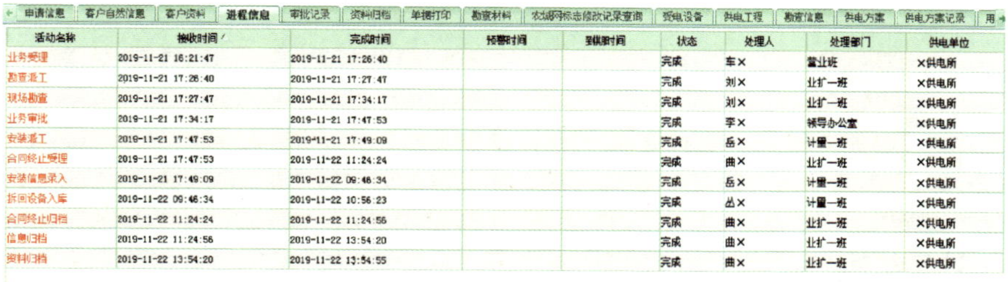

申请信息 | 客户自然信息 | 客户资料 | 进程信息 | 审批记录 | 资料归档 | 单据打印 | 勘查材料 | 农城网标志修改记录查询 | 受电设备 | 供电工程 | 勘查信息 | 供电方案 | 供电方案记录 | 用

活动名称	接收时间	完成时间	预警时间	到期时间	状态	处理人	处理部门	供电单位
业务受理	2019-11-21 16:21:47	2019-11-21 17:26:40			完成	车×	营业班	×供电所
勘查派工	2019-11-21 17:26:40	2019-11-21 17:27:47			完成	刘×	业扩一班	×供电所
现场勘查	2019-11-21 17:27:47	2019-11-21 17:34:17			完成	刘×	业扩一班	×供电所
业务审批	2019-11-21 17:34:17	2019-11-21 17:47:53			完成	李×	领导办公室	×供电所
安装派工	2019-11-21 17:47:53	2019-11-21 17:49:09			完成	岳×	计量一班	×供电所
合同终止受理	2019-11-21 17:47:53	2019-11-22 11:24:24			完成	曲×	业扩一班	×供电所
安装信息录入	2019-11-21 17:49:09	2019-11-22 09:46:34			完成	岳×	计量一班	×供电所
拆回设备入库	2019-11-22 09:46:34	2019-11-22 10:56:23			完成	丛×	计量一班	×供电所
合同终止归档	2019-11-22 11:24:24	2019-11-22 11:24:56			完成	曲×	业扩一班	×供电所
信息归档	2019-11-22 11:24:56	2019-11-22 13:54:20			完成	曲×	业扩一班	×供电所
资料归档	2019-11-22 13:54:20	2019-11-22 13:54:55			完成	曲×	业扩一班	×供电所

图 4-34 台区批量销户工作单流程

【整改情况】

11 月 23 日，经查看营销系统确认批量销户工作全部已经完成，11 月 22 日下午 1:54 已经完成档案归档。11 月 23 日的档案中应覆盖和应抄户数自动变为一致，无需人工进行同步操作，由于 11 月 25 日查询月线损界面涉及档案为 11 月 23 日的档案，故 11 月 25 日用采集系统才能完全消除未基本覆盖，见图 4-35。

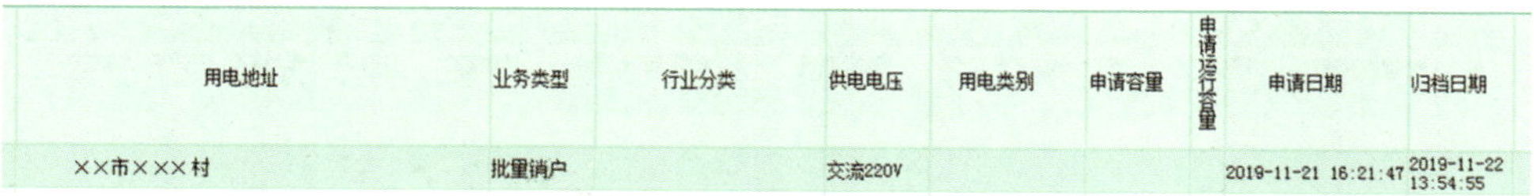

用电地址	业务类型	行业分类	供电电压	用电类别	申请容量	申请运行容量	申请日期	归档日期
××市××××村	批量销户		交流220V				2019-11-21 16:21:47	2019-11-22 13:54:55

图 4-35 批量销户归档时间

【防范措施】

批量销户工作当天全部完成，包括现场拆表、走工单、完成工单归档；销户工作提前计划，对第二天突发情况进行预判；加强台区未基本覆盖监控，及时发现异常；对台区批量销户工作进行记录，加强台区现场销户工作监督力度，对是否及时归档行为制定奖惩机制。

案例 10　档案维护不及时

【案例描述】

某台区前期月度线损率维持在 −2.43%～9%，日线损相对波动较大，2019 年 4 月 30 日查看月线损界面突然出现未基本覆盖，是否实现采集为否，线损情况为不可算，见图 4−36。

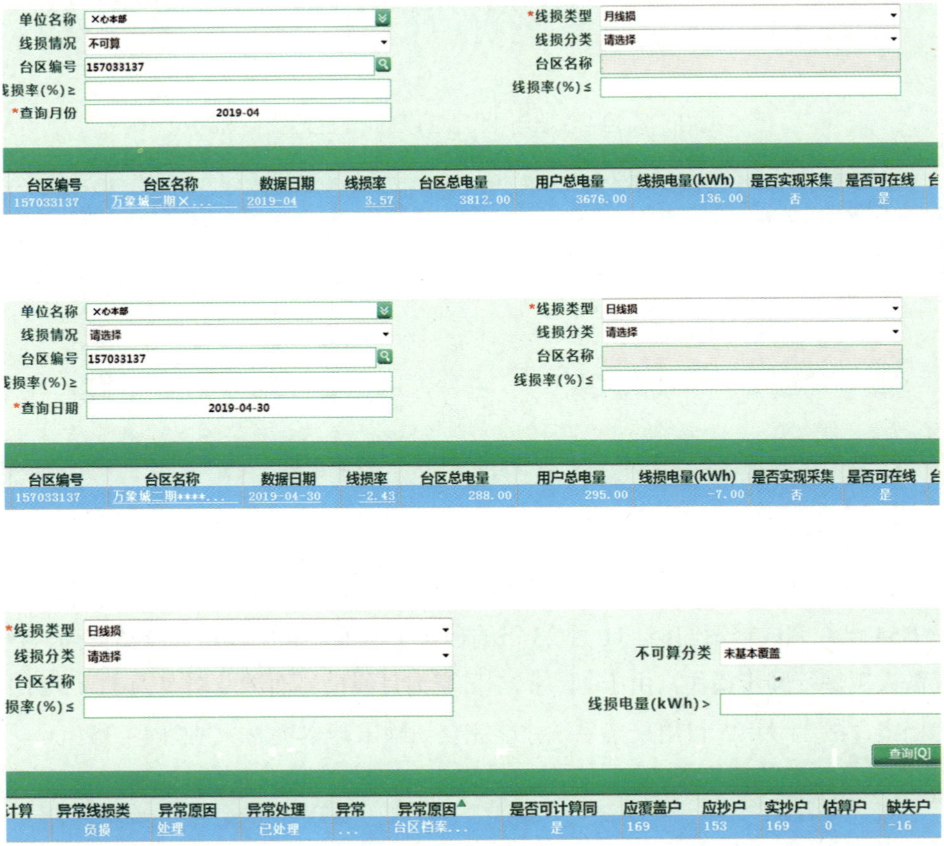

图 4−36　4 月某台区为未基本覆盖图

【原因分析】

经查询应覆盖和应抄户数知，4 月 29 日查看该台区档案户数为应覆盖和应抄户数均为 153 户，4 月 30 日应覆盖户和应抄户数则为 169 和 153，即 4 月 29～30 日调整过，初步预判为营销系统和用电采集系统档案不一致导致。通过记录查询台区用户档案调整情况知，该台区线损波动较大，曾在 4 月 29 日进行了 16 户档案调整，将 16 户档案调整到本台区，故应覆盖户数为 169，但用采系统未能及时同步档案，并在 4 月 30 日才完成归档，导致应抄户数仍为 153，使得应抄/应覆盖=90.53%，小于未基本覆盖要求最小值 98%，因此出现未基本覆盖情况，见图 4－37。

活动名称	接收时间	完成时间	预警时间	到期时间	状态
业务受理	2019-04-29 16:14:22	2019-04-29 16:14:24			完成
档案维护资料核实	2019-04-29 16:14:24	2019-04-29 16:14:31			完成
档案维护	2019-04-29 16:14:31	2019-04-29 16:14:56			完成
审批	2019-04-29 16:14:56	2019-04-30 11:18:34			完成
资料归档	2019-04-30 11:18:34	2019-04-30 11:42:02			完成

图 4－37　4 月 29 日用户调整档案工单流程

【整改情况】

2019 年 5 月 1 日，及时在用电采集系统完成档案同步，户数较少时单独以同步修改户的档案，当户数较多时，以台区修改用户档案。该台区在第一时间发现了未基本覆盖情况后，及时同步了档案，见图 4－38，故 1 号用户采集系统才能完全消除未基本覆盖，见图 4－39。

图 4－38　台区用户同步档案操作

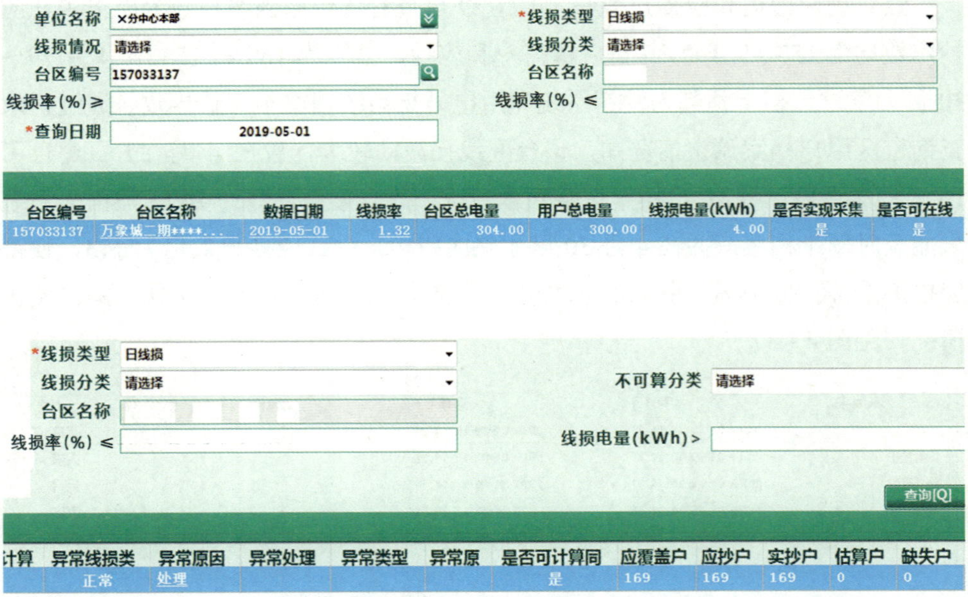

图 4-39　未基本覆盖消除情况

【防范措施】

修改用户台区档案工作当天全部完成，包括现场核对台区归属关系、走工单、完成工单归档；档案调整完毕后及时完成用户采集系统同步档案操作；加强台区未基本覆盖监控，及时发现异常；对台区调整档案情况设置专门人员监督，及时提醒档案修改完成后的同步，实现全流程管控。

第五章

反窃电类典型案例

案例 1　短接电流回路

【案例描述】

某小区 1 号台区每日线损率维持在 4%～5%，因该台区现场怀疑有窃电用户，但一直未能查出，经与领导上报联系公司用电稽查人员现场与台区经理配合有目的地开展了现场稽查（表 5－1 为 2019 年 4 月 4 日该台区线损率情况）。

表 5－1　　2019 年 4 月 4 日该台区线损率情况

台区名称	台区编号	供电量	售电量	损失电量	线损率（%）
某小区 1 号台区	4211351	1682	1596	86	5.11

处理前日线损变化率如图 5－1 所示。

No.	供电单位	台区编号	台区名称	数据日期	台区总电量(kWh)	用户总电量(kWh)	线损电量(kWh)	线损率(%)
1	XX客户服务X班	4211351	X小区#1	2019-04-01	1680.00	1596.00	84.00	5.00
2	XX客户服务X班	4211351	X小区#1	2019-04-02	1686.00	1597.00	89.00	5.28
3	XX客户服务X班	4211351	X小区#1	2019-04-03	1698.00	1618.00	80.00	4.71
4	XX客户服务X班	4211351	X小区#1	2019-04-04	1668.00	1594.00	74.00	4.44
5	XX客户服务X班	4211351	X小区#1	2019-04-05	1682.00	1596.00	86.00	5.11

图 5－1　处理前日线损变化率

【原因分析】

对台区营销系统与采集系统档案进行核对，有 1 户档案错误。

查看线损曲线、供电量及售电量变化，近期线损波动，供、售电量基本稳定，无明显变化。查看线损率变化节点处的用户用电量，比对上期、本期指示值无明显电量变化。筛查台区所有三相表计及单相表计，未发现异常。

现场核查发现私接线两处，电能表火线并联一处，电能表短接一处；电流不符一处。

【整改情况】

（1）对现场考核表进行核查，现场测量核实总表各项数据及档案信息相符。

（2）对营销系统档案核对后，对错误的档案进行整改。

（3）对发现的问题拍照留存，并进行了换表整改。

（4）对无表用电用户，已联系对现场办理新装业务，接线随之进行整改。

（5）对现场短接、电能表火线并联的用户追补电量处理。

处理结果：跟进以上处理结果及现场表计的恢复，恢复后线损在 2%左右，见表 5-2。

表 5-2　恢复后线损在 2%左右

台区名称	终端地址	供电量	售电量	损失电量	线损率（%）
某小区 1 号台区	4211351	1622	1582	40	2.47

处理后日线损变化率如图 5-2 所示。

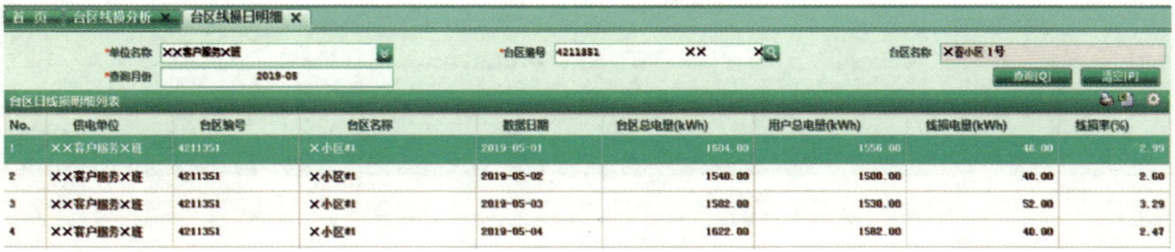

首 页　台区线损分析　台区线损日明细

*单位名称 XX客户服务X班　*台区编号 4211351 XX　台区名称 X番小区 1号

*查询月份 2019-05　查询[Q]　清空[P]

台区日线损明细列表

No.	供电单位	台区编号	台区名称	数据日期	台区总电量(kWh)	用户总电量(kWh)	线损电量(kWh)	线损率(%)
1	XX客户服务X班	4211351	X小区#1	2019-05-01	1604.00	1556.00	48.00	2.99
2	XX客户服务X班	4211351	X小区#1	2019-05-02	1540.00	1500.00	40.00	2.60
3	XX客户服务X班	4211351	X小区#1	2019-05-03	1582.00	1530.00	52.00	3.29
4	XX客户服务X班	4211351	X小区#1	2019-05-04	1622.00	1582.00	40.00	2.47

图 5-2　处理后日线损变化率

【防范措施】

对不合格台区，制订初步治理计划，针对不同类型的台区，分类处理。对高损台区，根据台区线损及计量装置大排查计划，现场开展用电检查，堵塞管理漏洞，遏制窃电行为发生，并及时联系消缺人员做好日常消缺工作，当日异常当日消缺完毕，从源头上杜绝未基本覆盖台区的出现。

案例 2 改表窃电

【案例描述】

某分公司低压台区，编号为0000215969，经过监控分析发现此台区线损异常，长期处于高损状态，2019 年 5 月 1～15 日日最高线损达到 19.78%，具体日线损明细如图 5－3 和图 5－4 所示。

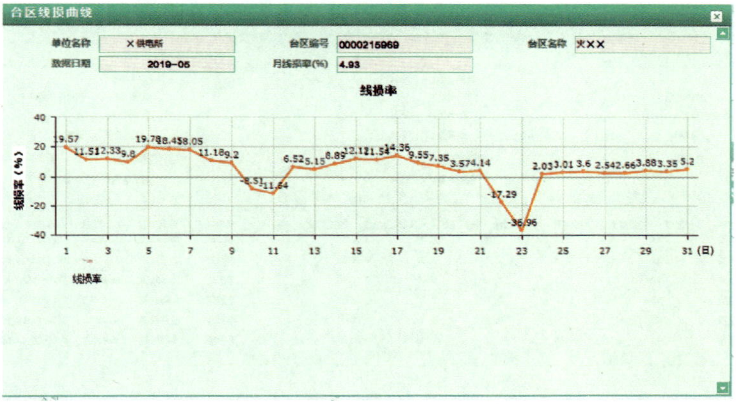

图 5－3 采集系统 2019 年 5 月台区日线损率

供电单位	台区编号	台区名称	数据日期	台区总电量(kWh)	用户总电量(kWh)	线损电量(kWh)	线损率(%)
X供电所	0000215969	火XX	2019-05-01	184.00	148.00	36.00	19.57
X供电所	0000215969	火XX	2019-05-02	139.00	123.00	16.00	11.51
X供电所	0000215969	火XX	2019-05-03	146.00	128.00	18.00	12.33
X供电所	0000215969	火XX	2019-05-04	204.00	184.00	20.00	9.80
X供电所	0000215969	火XX	2019-05-05	182.00	146.00	36.00	19.78
X供电所	0000215969	火XX	2019-05-06	168.00	137.00	31.00	18.45
X供电所	0000215969	火XX	2019-05-07	205.00	168.00	37.00	18.05
X供电所	0000215969	火XX	2019-05-08	170.00	151.00	19.00	11.18
X供电所	0000215969	火XX	2019-05-09	174.00	158.00	16.00	9.20
X供电所	0000215969	火XX	2019-05-10	141.00	153.00	-12.00	-8.51

图 5－4 采集系统 2019 年 5 月台区日线损率明细

【原因分析】

该台区档案未调整，无采集异常，初步预判为计量装置故障或疑似窃电。通过用电信息采集系统查阅 2019 年 5 月的日线损，选取了营销系统前期使用电量对比日采集电量，发现用户作为疑似计量装置故障或疑似窃电重点排查对象，如图 5－5 和图 5－6 所示。

	用户名称	电能表资产编号	计量点编号	测量点编	电能表倍	日期	对比日期	上次示数(kWh)	本次示数(kWh)	采集电量(kWh)	对比日采集电量	估算电量(kWh
21	×文生		9357966	328674713	1	2019-05-10	2019-05-11	1309.77	1314.44	5.00	3.00	
22	×中昌		9358413	328674711	1	2019-05-10	2019-05-11	1155.13	1156.77	2.00	2.00	
23	×长军		9391386	237734080	1	2019-05-10	2019-05-11	5917.46	5918.07	1.00	1.00	
24	×传胜		9352885	237747090	1	2019-05-10	2019-05-11	9036.64	9042.14	6.00	9.00	
25	×天锋		9355262	328674717	1	2019-05-10	2019-05-11	1051.65	1053.13	1.00	2.00	
26	×相义		9357720	237747050	1	2019-05-10	2019-05-11	528.14	528.14	0.00	0.00	
27	×广it		9391063	237747065	1	2019-05-10	2019-05-11	10166.84	10169.99	3.00	5.00	
28	×长安		9391159	328674705	1	2019-05-10	2019-05-11	818.61	818.61	0.00	0.00	
29	×百春		9356213	237747046	1	2019-05-10	2019-05-11	4328.91	4330.13	1.00	3.00	
30	×天海		9352182	237747088	1	2019-05-10	2019-05-11	2512.08	2513.8	2.00	2.00	
31	×传岭		9358351	328674714	1	2019-05-10	2019-05-11	1354.47	1356.37	2.00	2.00	
32	×焕连		9391257	298676207	1	2019-05-10	2019-05-11	5057.74	5060.43	3.00	2.00	
33	×百龄		9357439	299429654	1	2019-05-10	2019-05-11	4775.33	4785.44	10.00	7.00	
34	×美丽		9358306	237747053	1	2019-05-10	2019-05-11	7215.71	7218.34	3.00	4.00	
35	×正		9391887	237734082	1	2019-05-10	2019-05-11	6862.36	6863.23	6.00	7.00	
36	×飞升		9359068	328674715	1	2019-05-10	2019-05-11	2376.87	2377.18	0.00	0.00	
37	×百录		9354232	237747092	1	2019-05-10	2019-05-11	3879.6	3882.02	2.00	2.00	
38	×长升		9358282	328674710	1	2019-05-10	2019-05-11	1196.11	1197.44	1.00	5.00	
39	×德庙		65000006691	284021755	40	2019-05-10	2019-05-11	0.	0.	0.00	0.00	
40	×长春		00002677853	237747078	1	2019-05-10	2019-05-11	3292.38	3292.77	0.00	0.00	
41	×长有		00005036401	328674712	1	2019-05-10	2019-05-11	2983.62	2985.72	2.00	3.00	
42	×广君		00005309474	307844873	1	2019-05-10	2019-05-11	1131.45	1131.45	0.00	0.00	

图 5-5　2019 年 5 月 10 日与 5 月 11 日采集电量对比

用户信息　用户详细信息　托收协议信息　发电客户电费信息

收费关联号:		用户名称:	马×	用户编号:	
管理单位:	×供电所	用电地址:		用户状态:	正常用电客户
抄表段编号:	0002451245	抄表员:	姜×	抄表例日:	3
预收余额:	76.60	核算员:	李×	催费员:	翟×
冻结金额:	0.00	调尾余额:	0.00	在途票据余额:	0.00
费控用户:	是	测算电费:	1.64	测算余额:	74.96

电费收费情况　历月收费明细　垫付电费信息　业务费收费情况　预收情况　催费信息　分次划拨信息　抄表电量信息　追补处理方案　购电记录　阶梯购电信息　阶梯明细信息　用户退费信息

应收年月	电费类别	总电量	应收金额	实收电费	应交电费	应交违约金	实收违约金	划拨期数	发送次数	费用状态	结清标志	发行日期	缴费期限	抄表段编号	临时缴费关联
201901	正常电费	11	6.02	6.02	0.00	0.00	0.00	0		非锁定	全部结清	20190104	2019-01-31	0002451245	
201812	正常电费	14	8.36	8.36	0.00	0.00	0.00	0		非锁定	全部结清	20181204	2018-12-31	0002451245	
201811	正常电费	13	7.76	7.76	0.00	0.00	0.00	0		非锁定	全部结清	20181105	2018-11-30	0002451245	
201810	正常电费	100	59.69	59.69	0.00	0.00	0.00	0		非锁定	全部结清	20181008	2018-10-31	0002451245	
201809	正常电费	842	473.19	473.19	0.00	0.00	0.00	0		非锁定	全部结清	20180905	2018-09-30	0002451245	
201808	正常电费	900	492.21	492.21	0.00	0.00	0.00	0		非锁定	全部结清	20180807	2018-08-31	0002451245	

图 5-6　营销系统电量对比

【整改情况】

2018 年 5 月 15 日，用电检查人员到达现场，通过查看计量装置以及现场勘查，发现该户异常。该用户电能表电流几乎为 0，从表计接线看，电压、电流进出线连接正确无误，出线均有电流，判定表计问题。工作人员通知客户到现场，发现表计左侧合格证书标签有破损，怀疑表计被私自开启，随后工作人员在客户面前打开表计后，发现窃电行为，判定客户为故意使供电企业计量装置不准或者失效，并对客户下发违约用电、窃电通知书，如图 5-7 所示。

【防范措施】

现场计量装置安装规范，箱表“三封一锁”完整；加强台区日线损监控，及时发现异常；应用系统功能，通过电能表开盖记录、失压断相、客户日用电量对比等技术手段排查分析，加强台区现场巡视力度，定期开展现场核查。

图 5-7 现场电能表照片

案例 3 其他改表窃电

【案例描述】

某台区前期月度线损率维持在 3%～4%，日线损相对稳定，2019 年 7 月 1 日线损突增为 6.34%，后期日线损波动较大，线损率较之前明显升高，见图 5-8。

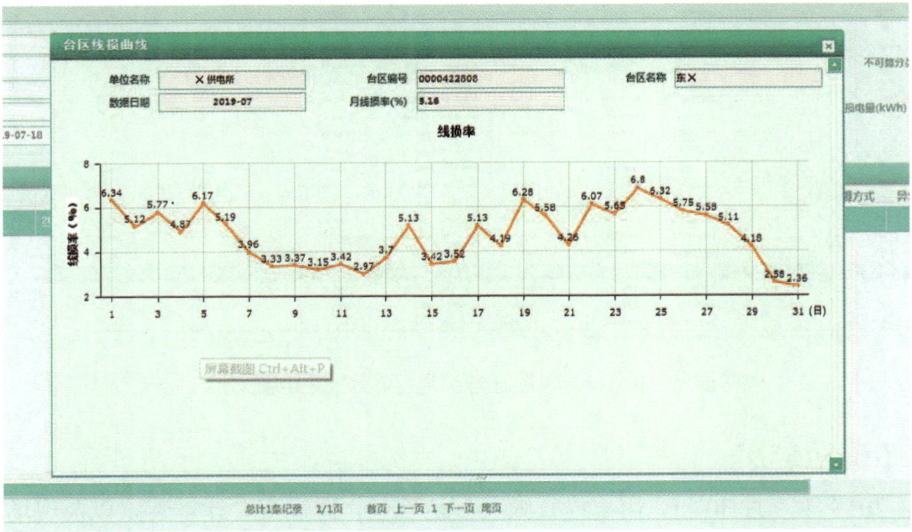

图 5-8 7 月台区线损折线图

【原因分析】

该台区档案未调整，无采集异常，初步预判为计量装置故障或疑似窃电。通过用电信息采集系统查阅 2019 年 7 月的日线损，选取了 7 月 11 日、7 月 12 日与 7 月 24 日对比日采集电量（见图 5-9 和图 5-10），发现 2 个用户在 7 月 11 日、7 月 12 日期间均有用电量，且用电量较小，线损率较低，而在 7 月 24 日用电量增大，线损率较高，将 2 个用户作为疑似计量装置故障或疑似窃电重点排查对象。

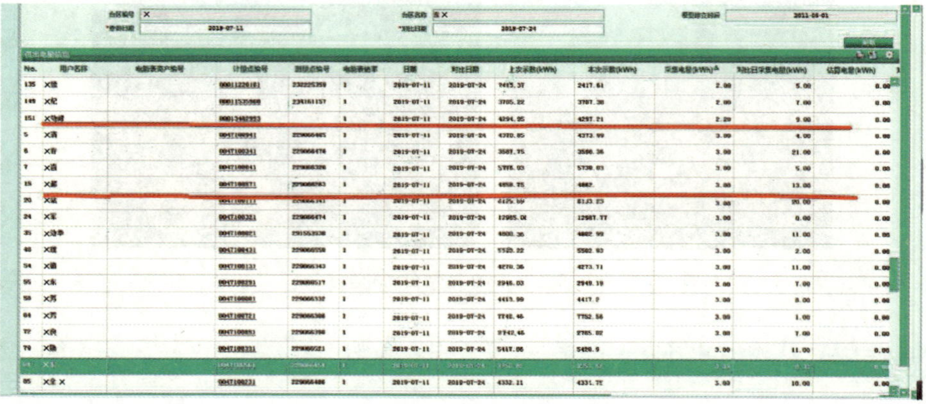
台区编号 ×　台区名称 ××　模型建立时间 2011-08-01
*查询日期 2019-07-11　*对比日期 2019-07-24

No.	用户名称	电能表资产编号	计量点编号	测量点编号	电能表倍率	日期	对比日期	上次示数(kWh)	本次示数(kWh)	采集电量(kWh)	对比日采集电量(kWh)	估算电量(kWh)
135	×德		00011226181	232225359	1	2019-07-11	2019-07-24	2415.37	2417.61	2.00	5.00	0.00
149	×纪		00011535908	234161157	1	2019-07-11	2019-07-24	3705.22	3707.30	2.00	7.00	0.00
151	×地建		00013482923		1	2019-07-11	2019-07-24	4294.95	4297.21	2.20	9.00	0.00
5	×清		0047100941	229066405	1	2019-07-11	2019-07-24	4370.85	4372.99	3.00	4.00	0.00
6	×存		0047100241	229066476	1	2019-07-11	2019-07-24	3587.75	3590.36	3.00	21.00	0.00
7	×语		0047100041	229066326	1	2019-07-11	2019-07-24	5776.03	5730.03	3.00	5.00	0.00
15	×都		0047100571	229066283	1	2019-07-11	2019-07-24	4858.75	4862.	3.00	13.00	0.00
20	×斌		[illegible]	[illegible]	1	2019-07-11	2019-07-24	[illegible]	8133.23	3.00	20.00	0.00
24	×军		0047100321	229066474	1	2019-07-11	2019-07-24	12985.08	12987.77	3.00	0.00	0.00
35	×诗争		0047100821	291553938	1	2019-07-11	2019-07-24	4800.36	4802.99	3.00	11.00	0.00
40	×煌		0047100431	229066558	1	2019-07-11	2019-07-24	5525.22	5502.93	3.00	2.00	0.00
54	×德		0047100131	229066343	1	2019-07-11	2019-07-24	4270.36	4273.71	3.00	11.00	0.00
55	×东		0047100291	229066517	1	2019-07-11	2019-07-24	2946.03	2949.19	3.00	7.00	0.00
58	×芳		0047100081	229066332	1	2019-07-11	2019-07-24	4413.99	4417.?	3.00	8.00	0.00
64	×芳		0047100721	229066308	1	2019-07-11	2019-07-24	7748.46	7752.56	3.00	1.00	0.00
77	×良		0047100851	229066398	1	2019-07-11	2019-07-24	2742.46	2765.02	3.00	7.00	0.00
79	×隐		0047100331	229066521	1	2019-07-11	2019-07-24	5417.86	5420.9	3.00	11.00	0.00
[illegible]	[illegible]		[illegible]	[illegible]	1	[illegible]	[illegible]	[illegible]	[illegible]	[illegible]	[illegible]	[illegible]
85	×全×		0047100231	229066486	1	2019-07-11	2019-07-24	4332.11	4331.75	3.00	10.00	0.00

图 5-9　7 月 11 日与 7 月 24 日采集电量对比

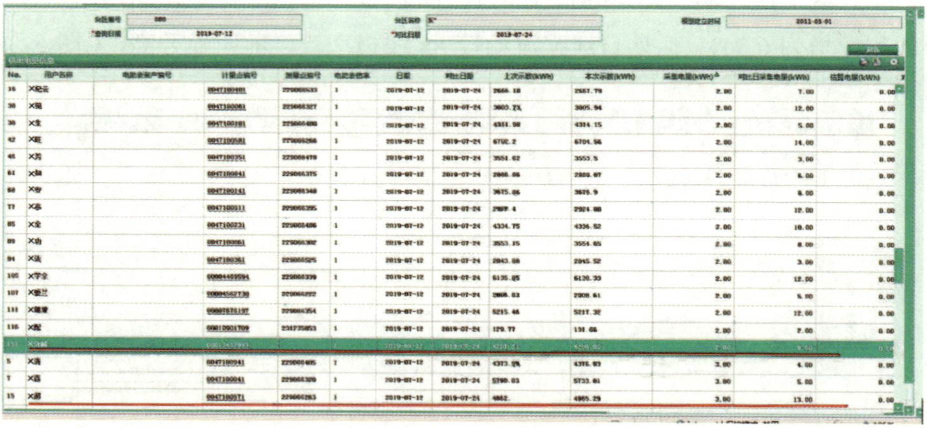
台区编号 000　台区名称 ×　模型建立时间 2011-03-01
*查询日期 2019-07-12　*对比日期 2019-07-24

No.	用户名称	电能表资产编号	计量点编号	测量点编号	电能表倍率	日期	对比日期	上次示数(kWh)	本次示数(kWh)	采集电量(kWh)	对比日采集电量(kWh)	估算电量(kWh)
16	×纪云		0047100401	229066533	1	2019-07-12	2019-07-24	2666.18	2667.79	2.00	7.00	0.00
30	×现		0047100061	229066327	1	2019-07-12	2019-07-24	3003.73	3005.94	2.00	12.00	0.00
38	×生		0047100181	229066480	1	2019-07-12	2019-07-24	4311.98	4314.15	2.00	5.00	0.00
42	×旺		0047100581	229066266	1	2019-07-12	2019-07-24	6702.2	6704.56	2.00	14.00	0.00
46	×芳		0047100351	229066478	1	2019-07-12	2019-07-24	3551.62	3553.5	2.00	3.00	0.00
61	×炯		0047100841	229066375	1	2019-07-12	2019-07-24	2886.86	2889.07	2.00	6.00	0.00
68	×专		0047100141	229066348	1	2019-07-12	2019-07-24	3675.86	3676.9	2.00	8.00	0.00
77	×泰		0047100511	229066395	1	2019-07-12	2019-07-24	2927.4	2924.80	2.00	12.00	0.00
85	×全		0047100231	229066486	1	2019-07-12	2019-07-24	4334.75	4336.52	2.00	10.00	0.00
89	×功		0047100061	229066302	1	2019-07-12	2019-07-24	3553.15	3554.65	2.00	8.00	0.00
94	×法		0047100361	229066525	1	2019-07-12	2019-07-24	2043.68	2045.52	2.00	3.00	0.00
105	×学全		00004469594	229066339	1	2019-07-12	2019-07-24	6135.85	6130.33	2.00	12.00	0.00
107	×素兰		00004562730	229066222	1	2019-07-12	2019-07-24	2006.83	2008.61	2.00	5.00	0.00
111	×建建		00007676197	229066354	1	2019-07-12	2019-07-24	5215.46	5217.32	2.00	12.00	0.00
116	×配		00010901709	231735853	1	2019-07-12	2019-07-24	129.77	131.66	2.00	2.00	0.00
151	×地建		[illegible]		1	[illegible]	2019-07-24	[illegible]	[illegible]	[illegible]	[illegible]	[illegible]
5	×清		0047100941	229066405	1	2019-07-12	2019-07-24	4373.96	4376.83	3.00	4.00	0.00
7	×语		0047100041	229066320	1	2019-07-12	2019-07-24	5790.03	5733.61	3.00	5.00	0.00
15	×都		0047100571	229066283	1	2019-07-12	2019-07-24	4862.	4865.29	3.00	13.00	0.00

图 5-10　7 月 12 日与 7 月 24 日采集电量对比

【整改情况】

2019 年 7 月 30 日，用电检查人员到达现场，通过查看计量装置以及现场勘查（见图 5-11），发现 1 户异常。该用户电能表电流几乎为 0，从表计接线看，电压、电流进出线连接正确无误，通过钳形电流表测量，发现电流进、出线均有电流，判定表计内部问题。用电检查人员随即通知客户到现场，告知其怀疑表计被私自开启，随后工作人员在客户面前打开表计后，发现窃电，判定客户为故意使供电企业计量装置不准或者失效，并对客户下发违约用电、窃电通知书。

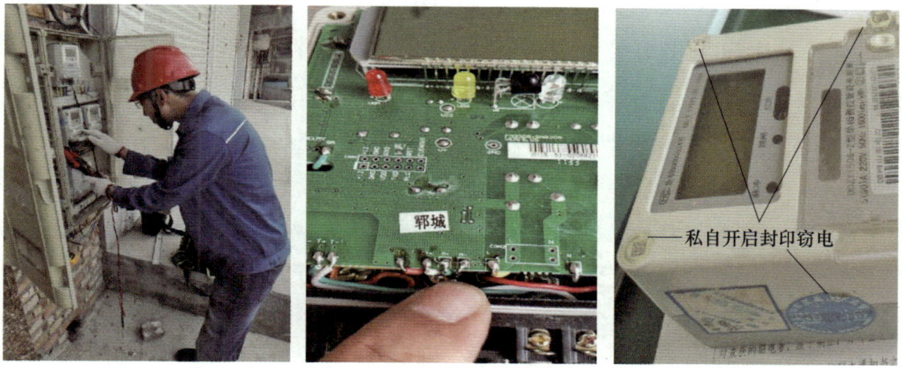

图 5-11 现场电能表及测量照片

【防范措施】

现场计量装置安装规范，箱表“三封一锁”完整；加强台区日线损监控，及时发现异常，并第一时间到现场进行核实；应用采集系统、同期系统功能，通过电能表开盖记录、失压断相、客户日用电量对比等技术手段排查分析，加强台区现场巡视力度，定期开展现场核查。

案例 4 短接电流回路

【案例描述】

某台区前期月度线损率维持在 2%～4%，日线损相对稳定，2019 年 10 月 23 日，日线损突增为 8.36%，前期日线损波动较大，线损率明显升高，见图 5-12。

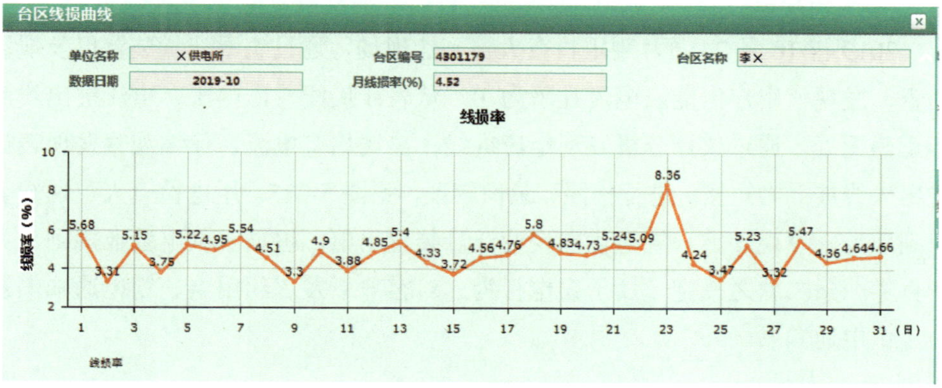

图 5-12 2019 年 10 月台区线损折线图

【原因分析】

该台区档案未调整，无采集异常，初步预判为计量装置故障或疑似窃电。通过用电信息采集系统查阅 2019 年 9～10 月的日线损，选取了 10 月 15 日与 10 月 23 日对比日采集电量（见图 5－13 和图 5－14），发现 1 个用户在 10 月 15 日期间均有用电量，线损率较低，而在 10 月 23 日用电量较小，线损率较高，将该用户作为疑似计量装置故障或疑似窃电重点排查对象。

台区日线损明细列表

No.	供电单位	台区编号	台区名称	数据日期	台区总电量(kWh)	用户总电量(kWh)	线损电量(kWh)	线损率(%)
5	×[illegible]电所	4301179	李×	2019-10-15	296.00	285.00	11.00	3.72
16	×[illegible]电所	4301179	李×	2019-10-16	307.00	293.00	14.00	4.56
17	×[illegible]电所	4301179	李×	2019-10-17	294.00	280.00	14.00	4.76
18	×[illegible]电所	4301179	李×	2019-10-18	293.00	276.00	17.00	5.80
19	×[illegible]电所	4301179	李×	2019-10-19	290.00	276.00	14.00	4.83
20	×[illegible]电所	4301179	李×	2019-10-20	296.00	282.00	14.00	4.73
21	×[illegible]电所	4301179	李×	2019-10-21	286.00	271.00	15.00	5.24
22	×[illegible]电所	4301179	李×	2019-10-22	275.00	261.00	14.00	5.09
23	×[illegible]电所	4301179	李×	2019-10-23	275.00	252.00	23.00	8.36
24	×[illegible]电所	4301179	李×	2019-10-24	283.00	271.00	12.00	4.24

图 5－13　10 月 15 日与 10 月 23 日采集电量对比（一）

No.	[illegible]	[illegible]	[illegible]	[illegible]	[illegible]	[illegible]	[illegible]	[illegible]
1		×庆芝|1李×	2019-10-15	01.61	00.22	00.29	00.80	00.29
2		×庆芝|1李×	2019-10-16	02.21	00.36	00.70	00.79	00.37
3		×庆芝|1李×	2019-10-17	02.01	00.40	00.50	00.62	00.50
4		×庆芝|1李×	2019-10-18	03.98	00.46	01.23	01.47	00.82
5		×庆芝|1李×	2019-10-19	03.70	00.42	00.52	01.40	01.35
6		×庆芝|1李×	2019-10-20	02.12	00.26	00.56	01.01	00.30
7		×庆芝|1李×	2019-10-21	02.08	00.19	00.51	00.70	00.67
8		×庆芝|1李×	2019-10-22	02.19	00.20	00.63	01.07	00.30
9		×庆芝|1李×	2019-10-23	03.64	00.59	00.87	01.54	00.63

图 5－14　10 月 15 日与 10 月 23 日采集电量对比（二）

【整改情况】

2019 年 10 月 24 日，用电检查人员到达现场，通过查看计量装置以及现场勘查，发现该用户电能表电流几乎为 0，从表计接线看，电压、电流进出线连接正确无误，通过仪器分析发现电流进线、出线均有电流，仔细观察发现表计进出火线被人为短接。进行拍照、录像取证，见图 5－15。用电检查人员通知客户到现场，发现该客户绕越供电企业计量装置用电。根据《供电营业规则》第一百零一条二款之规定，属于窃电行为。对客户下发违约用电、窃电通知书及中止供电通知书。

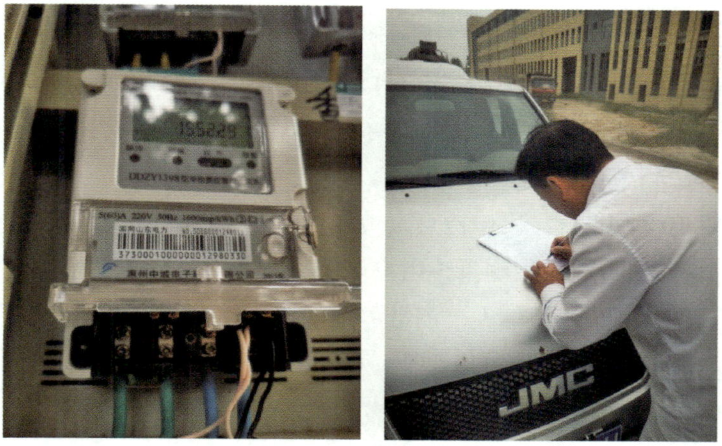

图 5-15 现场电能表及客户签字照片

【防范措施】

加强台区日线损监控，及时发现异常；应用营销采集系统功能，通过表计现场校验仪、电能表开盖记录、失压断相、客户日用电量对比等技术手段排查分析，加强台区现场巡视力度，定期开展现场核查。

案例 5 更改采样电阻

【案例描述】

某台区近几个月月线损偏高，日线损波动较大，2019 年 10 月 9 日日线损达 13.57%，间或出现负损，见图 5-16。

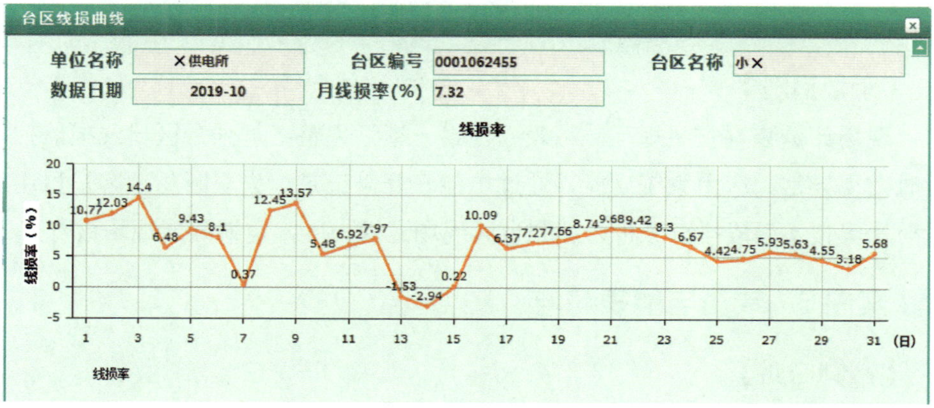

图 5-16 2019 年 10 月台区线损折线图

【原因分析】

通过查看该台区营销系统档案，近期未做调整。查看采集系统中采集数据，无采集异常，初步预判为计量装置故障或疑似窃电。

【整改情况】

2019 年 10 月 16 日，用电检查人员到达现场，逐户检查用户计量装置，发现 1 户异常。用钳形电流表测量该用户电能表火线电流为 11.6A，但电能表中火线电流显示为 9.2A，相差较大，测量零线电流值和电能表中显现的零线电流值接近。用电检查人员仔细检查用户计量装置，电压、电流进出线连接正确无误，但电能表合格证标签已有破损，电能表铅封有明显撬动痕迹，于是用电检查人员判定表计问题。工作人员通知客户到现场，工作人员在客户面前打开表计后，发电窃电行为，判定客户为故意使供电企业计量装置不准或者失效，并对客户下发窃电通知书，见图 5－17。

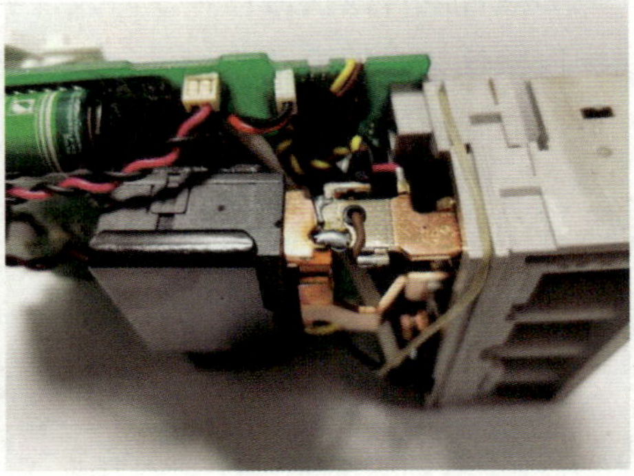

图 5－17　现场检查及窃电电能表照片

【防范措施】

现场计量装置安装规范，箱表“三封一锁”完整；加强台区日线损监控，及时发现异常；应用系统功能，通过电能表开盖记录、失压断相、客户日用电量对比等技术手段排查分析，加强台区现场巡视力度，定期开展现场核查。

案例 6　攻击电能表窃电

【案例描述】

系统监测到 2019 年 10 月 21 日×村台区日线损率突然持续偏高达到 14.62%，已知该台区配电变压器容量为 200kVA，日均供电量 400kWh 左右，低压户数 142 户，采集成功 100%。该台区 2019 年 10 月 21 日线损率统计情况见图 5－18。10 月线损率统计情况见图 5－19。

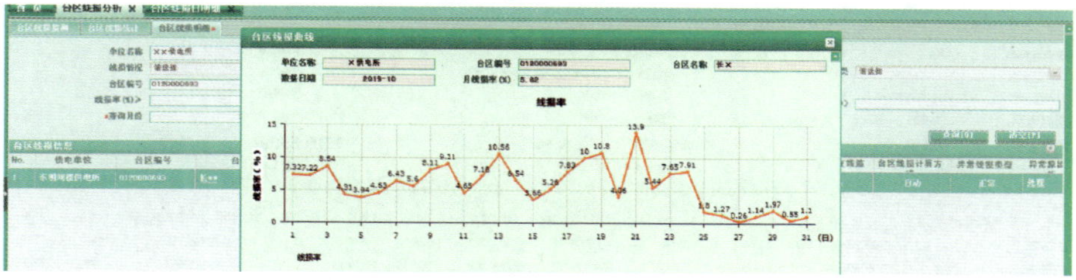

图 5－18 ×台区 2019 年 10 月 21 日线损率统计情况

单位	台区编号	台区名称	数据日期	输入电量(kWh)	输出电量(kWh)	线损电量(kWh)	线损率(%)
刘×	0120000693	×村	2019年10月9日	370	340	30	8.11
刘×	0120000693	×村	2019年10月10日	395	359	36	9.11
刘×	0120000693	×村	2019年10月13日	426	381	45	10.56
刘×	0120000693	×村	2019年10月18日	410	369	41	10
刘×	0120000693	×村	2019年10月19日	389	347	42	10.8
刘×	0120000693	×村	2019年10月21日	374	319	54	14.62
刘×	0120000693	×村	2019年10月22日	349	330	19	5.44
刘×	0120000693	×村	2019年10月23日	379	350	29	7.65
刘×	0120000693	×村	2019年10月24日	354	326	28	7.91
刘×	0120000693	×村	2019年10月25日	388	381	7	1.8
刘×	0120000693	×村	2019年10月26日	394	389	5	1.27
刘×	0120000693	×村	2019年10月27日	379	378	1	0.26
刘×	0120000693	×村	2019年10月28日	350	346	4	1.14
刘×	0120000693	×村	2019年10月29日	356	349	7	1.97
刘×	0120000693	×村	2019年10月30日	362	360	2	0.55
刘×	0120000693	×村	2019年10月31日	364	360	4	1.1

图 5－19 ×村台区 10 月线损率统计情况

【原因分析】

10 月 22 日，工作人员自行组织营业普查未发现问题，通过信息采集系统对所属低压用户日电量对比营销系统月电量进行了详细排查，发现该台区线损异常的 6 天中，李某某用电量与对比日电量相差较大（见图 5－20）。经过查询，发现该用户 2019 年 5 月用电量为 399kWh，2019 年 9 月份用电量仅为 96kWh，用电量较前期明显下降，李某某电能表电压统计情况见图 5－21。怀疑用户存在窃电造成线损异常。

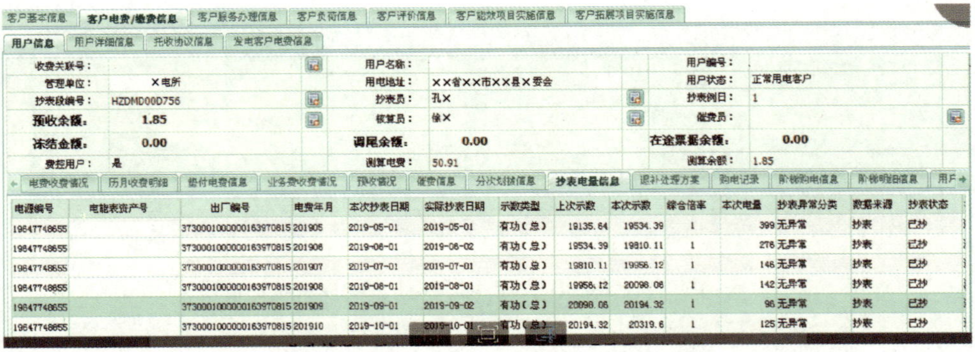

图 5-20　李某某电量统计情况

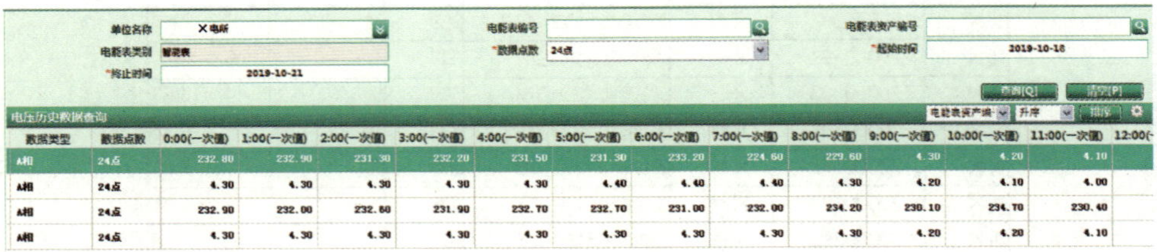

图 5-21　李某某电能表电压统计情况

【整改情况】

用电检查人员即刻对该村可疑用户李某某开展现场检查，外观检查电能表显示正常，封印正常，对接线、表前表后线路、电能表运行情况进行全面检查，均未发现问题，对李某某的电能表检查，发现电能表封印被破坏，在电能表内加装控制模块，通过遥控器进行窃电。

现场对用户窃电行为进行拍照留存（见图 5-22～图 5-24），以及停电处理。无法查明具体窃电时间，按照《供电营业规则》第一百零三条规定，确定窃电时间为 180 天。该用户用电为低压居民，执行乡村居民生活用电电价，现场综合负荷为 7.70A。窃电量=7.70A×0.22kV×6h×180 天=1829（kWh）；补交电费=窃电量×电价=1829kWh×0.5469 元/kWh=1000（元）；违约使用电费=补交电费×3 倍=1000 元×3=3000（元）。

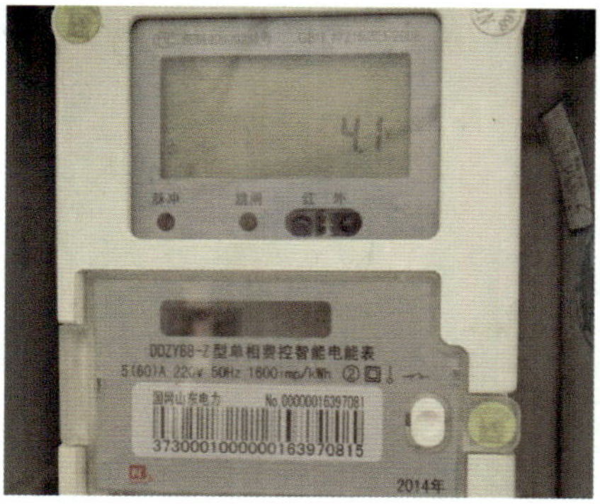

图 5-22　李某某电能表失压照片

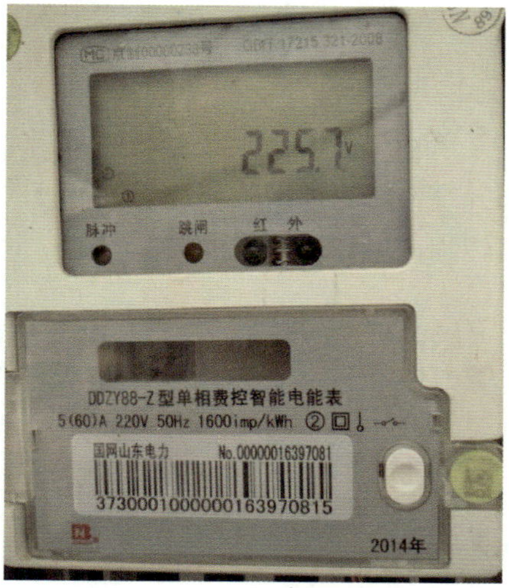

图 5-23　遥控器转换后李某某电能表照片

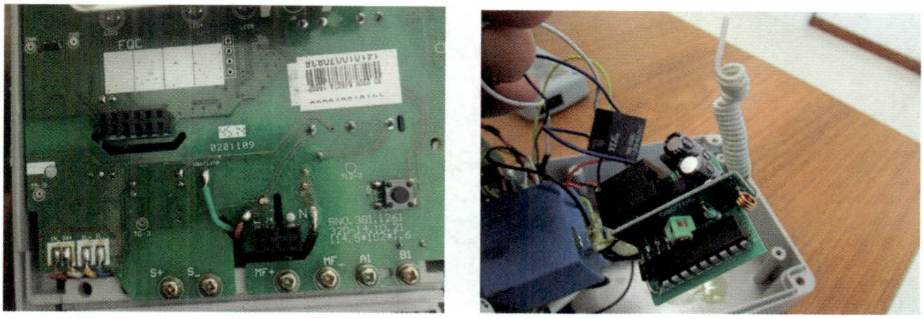

图 5-24　加装控制模块

对窃电行为进行拍照留存，按照《供电营业规则》中关于窃电的处罚要求对窃电户进行相关处罚，并对用户进行文明用电，安全用电知识教育后恢复现场正常用电秩序。

【防范措施】

加强台区日线损监控，及时发现异常，应用系统功能，通过电能表失压断相、开盖记录、日用电量对比等技术手段排查分析，加强台区现场巡视力度，定期开展现场核查。

案例 7　断开电压回路

【案例描述】

×供电分公司低压台区，编号：0000215014，经过监控分析发现此台区线损异常，处于高损状态，2019 年 5 月 1～15 日的日线损最高达到 21.04%，具体日线损明细如图 5-25 所示。

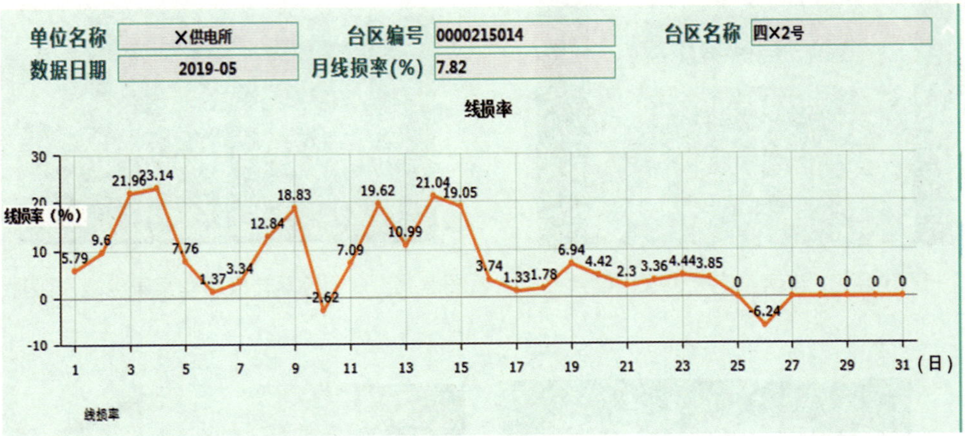

*单位名称 ×供电所　　*台区编号 0000215014　　台区名称 四×2#
*查询月份 2019-05　　查询[Q]　清空[P]

台区日线损明细列表

No.	供电单位	台区编号	台区名称	数据日期	台区总电量	用户总电量	线损电量(kWh)	线损率(%)
1	×供电所	0000215014	四×村2#	2019-05-01	121.00	114.00	7.00	5.79
2	×供电所	0000215014	四×村2#	2019-05-02	125.00	113.00	12.00	9.60
3	×供电所	0000215014	四×村2#	2019-05-03	460.00	359.00	101.00	21.96
4	×供电所	0000215014	四×村2#	2019-05-04	471.00	362.00	109.00	23.14
5	×供电所	0000215014	四×村2#	2019-05-05	606.00	559.00	47.00	7.76
6	×供电所	0000215014	四×村2#	2019-05-06	438.00	432.00	6.00	1.37
7	×供电所	0000215014	四×村2#	2019-05-07	389.00	376.00	13.00	3.34
8	×供电所	0000215014	四×村2#	2019-05-08	522.00	455.00	67.00	12.84
9	×供电所	0000215014	四×村2#	2019-05-09	494.00	401.00	93.00	18.83
10	×供电所	0000215014	四×村2#	2019-05-10	534.00	548.00	-14.00	-2.62
11	×供电所	0000215014	四×村2#	2019-05-11	578.00	537.00	41.00	7.09
12	×供电所	0000215014	四×村2#	2019-05-12	576.00	463.00	113.00	19.62
13	×供电所	0000215014	四×村2#	2019-05-13	555.00	494.00	61.00	10.99

图 5-25　2019 年 5 月台区日线损率

【原因分析】

该台区档案未调整，无采集异常，初步预判为计量装置故障或疑似窃电。通过用电信息采集系统查阅 5 月的日线损，选取了前期使用电量对比日采集电量，发现用户作为疑似计量装置故障或疑似窃电重点排查对象，如图 5-26 和图 5-27 所示。

台区编号 0000215014　　台区名称 四**2#　　模型建立时间 2013-06-27

*查询日期 2019-05-15　　*对比日期 2019-05-01

刷新

供出电量信息

	用户名称	电能表资产编号	计量点编号	测量点编	电能表倍	日期	对比日期	上次示数(kWh)	本次示数(kWh)	采集电量(kWh)	对比日采集电量	估算电量(kWh)	对比日估算
62	春景养殖(三相)		00014746078	321121221	1	2019-05-15	2019-05-14	10992.53	11141.29	149.00	168.00	0.00	
64	×圣民农业(三相)		00014746080	264944319	1	2019-05-15	2019-05-14	29843.92	29880.04	36.00	26.00	0.00	
75	×新兰农业(三相)		00016805911		1	2019-05-15	2019-05-14	6055.2	6061.63	6.00	22.00	0.00	
72	×书魁木材(三相)		00014746088	312541933	1	2019-05-15	2019-05-14	747.83	754.06	6.00	6.00	0.00	
55	×军		8499645	239552929	1	2019-05-15	2019-05-14	8196.14	8201.75	6.00	5.00	0.00	
15	×表		8517372	245370864	1	2019-05-15	2019-05-14	5483.69	5489.97	6.00	4.00	0.00	
76	×圣法农业(三相)		00016920756	277523599	1	2019-05-15	2019-05-14	6639.57	6644.39	5.00	0.00	0.00	
56	×明成		8371490	239553186	1	2019-05-15	2019-05-14	5241.38	5246.5	5.00	6.00	0.00	
39	×玉亮		8508961	321176598	1	2019-05-15	2019-05-14	161.91	166.7	5.00	5.00	0.00	

图 5-26　5 月 14 日与 5 月 15 日采集电量对比

63		×春景(三相)	2019-05-08 14:00(一次值)	221.80	222.40	0.00	16232701	四×村2#采集点2
64		×春景(三相)	2019-05-08 15:00(一次值)	211.90	213.90	0.00	16232701	四×村2#采集点2
65		×春景(三相)	2019-05-08 16:00(一次值)	189.00	195.70	0.00	16232701	四×村2#采集点2
66		×春景(三相)	2019-05-08 17:00(一次值)	197.60	202.10	0.00	16232701	四×村2#采集点2
67		×春景(三相)	2019-05-08 18:00(一次值)	217.90	218.50	0.00	16232701	四×村2#采集点2
68		×春景(三相)	2019-05-08 19:00(一次值)	226.60	225.00	0.00	16232701	四×村2#采集点2
69		×春景(三相)	2019-05-08 20:00(一次值)	232.10	231.70	0.00	16232701	四×村2#采集点2
70		×春景(三相)	2019-05-08 21:00(一次值)	231.20	231.60	0.00	16232701	四×村2#采集点2
71		×春景(三相)	2019-05-08 22:00(一次值)	232.50	233.40	0.00	16232701	四×村2#采集点2
72		×春景(三相)	2019-05-08 23:00(一次值)	228.30	229.00	0.00	16232701	四×村2#采集点2
73		×春景(三相)	2019-05-09 00:00(一次值)	227.50	226.90	0.00	16232701	四×村2#采集点2
74		×春景(三相)	2019-05-09 01:00(一次值)	227.50	227.40	0.00	16232701	四×村2#采集点2
75		×春景(三相)	2019-05-09 02:00(一次值)	228.70	228.90	0.00	16232701	四×村2#采集点2
76		×春景(三相)	2019-05-09 03:00(一次值)	228.80	228.80	0.00	16232701	四×村2#采集点2
77		×春景(三相)	2019-05-09 04:00(一次值)	227.10	227.20	0.00	16232701	四×村2#采集点2
78		×春景(三相)	2019-05-09 05:00(一次值)	226.80	226.40	0.00	16232701	四×村2#采集点2
79		×春景(三相)	2019-05-09 06:00(一次值)	219.50	219.70	0.00	16232701	四×村2#采集点2
80		×春景(三相)	2019-05-09 07:00(一次值)	225.50	225.90	0.00	16232701	四×村2#采集点2
81		×春景(三相)	2019-05-09 08:00(一次值)	228.30	229.30	0.00	16232701	四×村2#采集点2
82		×春景(三相)	2019-05-09 09:00(一次值)	206.60	211.50	0.00	16232701	四×村2#采集点2
83		×春景(三相)	2019-05-09 10:00(一次值)	207.80	212.90	0.00	16232701	四×村2#采集点2
84		×春景(三相)	2019-05-09 11:00(一次值)	202.80	209.30	0.00	16232701	四×村2#采集点2
85		×春景(三相)	2019-05-09 12:00(一次值)	208.10	214.50	0.00	16232701	四×村2#采集点2
86		×春景(三相)	2019-05-09 13:00(一次值)	235.30	237.20	0.00	16232701	四×村2#采集点2
87		×春景(三相)	2019-05-09 14:00(一次值)	225.40	226.90	0.00	16232701	四×村2#采集点2

图 5-27　5 月 8 日采集数据

【整改情况】

2019 年 5 月 14 日，用电检查人员到达现场，通过查看计量装置以及现场勘查，发现该户异常。表计接线正确，表计电压 C 相失压、工作人员检查时发现电能表 C 相电压连接板私自打开，判定客户为故意使供电企业计量装置不准或者失效，并对客户下发违约用电、窃电通知书。如图 5-28 所示。

图 5-28　现场电能表照片

【防范措施】

现场计量装置安装规范，箱表“三封一锁”完整；加强台区日线损监控，及时发现异常；应用系统功能，通过电能表开盖记录、失压断相、客户日用电量对比等技术手段排查分析，加强台区现场巡视力度，定期开展现场核查。

案例 8　绕越计量装置窃电 1

【案例描述】

某台区前期月度线损率维持在 2%～3%，日线损相对稳定，2019 年 10 月 21 日日线损突增为 4.53%，前期日线损波动较大，线损率较之前明显升高，见图 5-29。

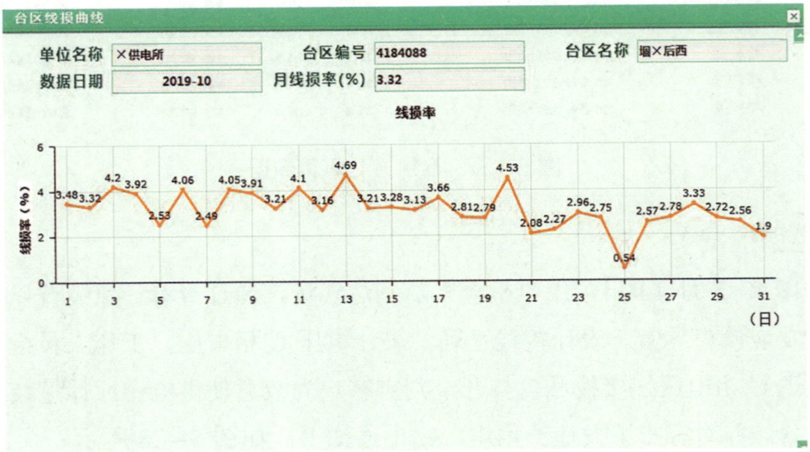

图 5-29　10 月台区线损折线图

【原因分析】

该台区档案未调整，无采集异常，初步预判为计量装置故障或疑似窃电。通过用电信息采集系统查阅 10 月的日线损，选取了 10 月 18 日与 10 月 20 日对比日采集电量（见图 5–30），未发现表计异常现象，疑似窃电逐户重点排查对象。

台区日线损明细列表

供电单位	台区编号	台区名称	数据日期	台区总电量(kWh)	用户总电量(kWh)	线损电量(kWh)	线损率(%)
X供电所	4184088	堰X后西	2019-10-13	426.00	406.00	20.00	4.69
X供电所	4184088	堰X后西	2019-10-14	374.00	362.00	12.00	3.21
X供电所	4184088	堰X后西	2019-10-15	396.00	383.00	13.00	3.28
X供电所	4184088	堰X后西	2019-10-16	383.00	371.00	12.00	3.13
X供电所	4184088	堰X后西	2019-10-17	382.00	368.00	14.00	3.66
X供电所	4184088	堰X后西	2019-10-18	392.00	381.00	11.00	2.81
X供电所	4184088	堰X后西	2019-10-19	394.00	383.00	11.00	2.79
X供电所	4184088	堰X后西	2019-10-20	375.00	358.00	17.00	4.53
X供电所	4184088	堰X后西	2019-10-21	385.00	377.00	8.00	2.08
X供电所	4184088	堰X后西	2019-10-22	352.00	344.00	8.00	2.27

图 5–30　10 月 18 日与 10 月 20 日损耗电量对比

【整改情况】

2019 年 10 月 20 日，用电检查人员到达现场，通过查看计量装置以及现场勘查，发现 1 户在供电企业的供电设施上，擅自接线用电。用电检查人员通知客户到现场，发现该用户在表前开关接入电源没有通过表计计量。并对客户下发违约用电、窃电通知书。现场照片见图 5–31。

图 5–31　现场照片

【防范措施】

安装现场计量装置规范，加强台区日线损监控，及时发现异常；通过用电信息采集系统功能，用电能表开盖记录、失压断相、客户日用电量对比等技术手段排查分析，加强台区现场巡视力度，定期开展现场核查工作。采取各种措施杜绝窃电行为，并且以预防为主，防治结合的办法来严厉处理案件，从而有效减少窃电造成的经济损失，最大限度减少窃电现象的发生。

案例 9　绕越计量装置窃电 2

【案例描述】

×新区 5 号台区前期月度线损率维持在 3%～4%，日线损相对稳定，2019 年 8 月 14 日日线损突增为 38.50%，后期日线损波动较大，线损率较之前明显升高，见图 5–32。

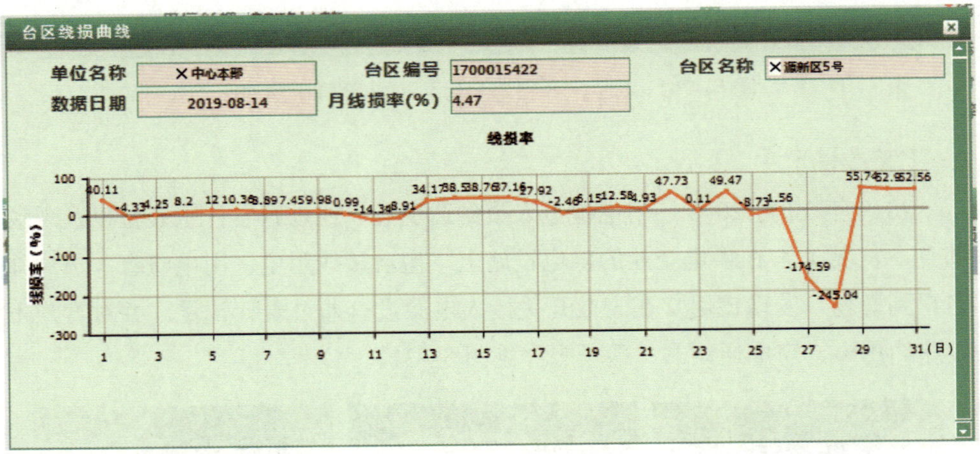

图 5–32　8 月台区线损折线图

【原因分析】

该台区档案未调整，无采集异常，初步预判为计量装置故障或疑似窃电。通过用电信息采集系统查阅 8、9 月的日线损，选取了 8 月 3 日与 9 月 1 日对比日采集电量（见图 5–33），发现 3 个用户在 8 月 3 日均有用电量，线损率较低，而 9 月 1 日用电量较小，线损率较高，将 3 个用户作为疑似计量装置故障或疑似窃电重点排查对象。

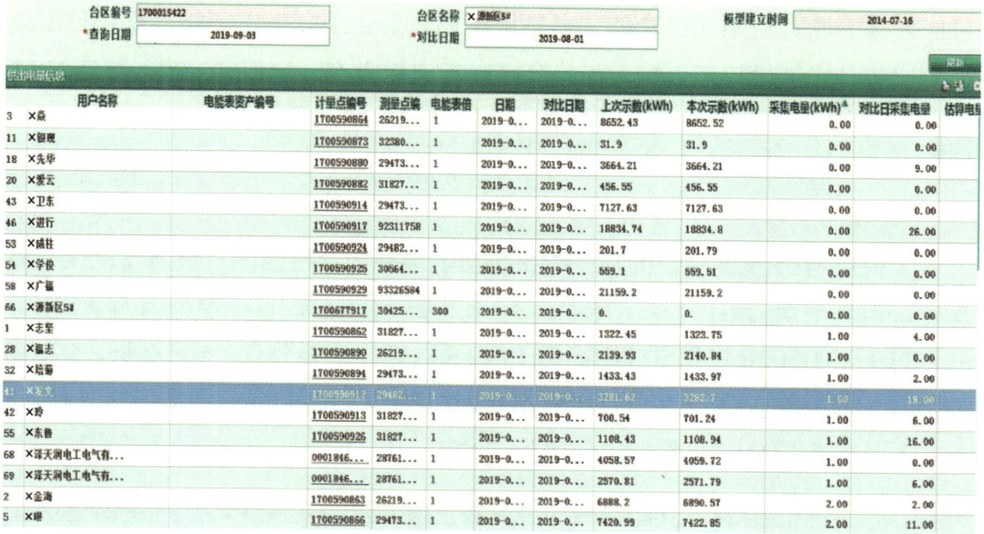

台区编号 1700015422　台区名称 ×源新区5#　模型建立时间 2014-07-16

*查询日期 2019-09-03　*对比日期 2019-08-01

供出电量信息

	用户名称	电能表资产编号	计量点编号	测量点编	电能表倍	日期	对比日期	上次示数(kWh)	本次示数(kWh)	采集电量(kWh)	对比日采集电量	估算电量
3	×森		1700590864	26219...	1	2019-0...	2019-0...	8652.43	8652.52	0.00	0.00	
11	×银观		1700590873	32380...	1	2019-0...	2019-0...	31.9	31.9	0.00	0.00	
18	×先华		1700590880	29473...	1	2019-0...	2019-0...	3664.21	3664.21	0.00	9.00	
20	×爱云		1700590882	31827...	1	2019-0...	2019-0...	456.55	456.55	0.00	0.00	
43	×卫东		1700590914	29473...	1	2019-0...	2019-0...	7127.63	7127.63	0.00	0.00	
46	×进行		1700590917	92311758	1	2019-0...	2019-0...	18834.74	18834.8	0.00	26.00	
53	×成柱		1700590924	29482...	1	2019-0...	2019-0...	201.7	201.79	0.00	0.00	
54	×学俊		1700590925	30564...	1	2019-0...	2019-0...	559.1	559.51	0.00	0.00	
58	×广福		1700590929	93326584	1	2019-0...	2019-0...	21159.2	21159.2	0.00	0.00	
66	×源新区5#		1700677917	30425...	300	2019-0...	2019-0...	0.	0.	0.00	0.00	
1	×志坚		1700590862	31827...	1	2019-0...	2019-0...	1322.45	1323.75	1.00	4.00	
28	×福志		1700590890	26219...	1	2019-0...	2019-0...	2139.93	2140.84	1.00	0.00	
32	×培菊		1700590894	29473...	1	2019-0...	2019-0...	1433.43	1433.97	1.00	2.00	
41	×发文		1700590912	29482...	1	2019-0...	2019-0...	3281.62	3282.7	1.00	18.00	
42	×玲		1700590913	31827...	1	2019-0...	2019-0...	700.54	701.24	1.00	6.00	
55	×东鲁		1700590926	31827...	1	2019-0...	2019-0...	1108.43	1108.94	1.00	16.00	
68	×泽天润电工电气有...		0001846...	28761...	1	2019-0...	2019-0...	4058.57	4059.72	1.00	0.00	
69	×泽天润电工电气有...		0001846...	28761...	1	2019-0...	2019-0...	2570.81	2571.79	1.00	6.00	
2	×金海		1700590863	26219...	1	2019-0...	2019-0...	6888.2	6890.57	2.00	2.00	
5	×琳		1700590866	29473...	1	2019-0...	2019-0...	7420.99	7422.85	2.00	11.00	

图 5-33　8 月 3 日与 9 月 1 日采集电量对比

【整改情况】

2019 年 8 月 11 日，发现异常情况后，检查人员做好安全措施，打开录像设备进行开箱检查，检查人员仔细核对每块电能表的进出线电流和表内电流，并与脉冲灯闪烁频率比对，经检查发现（见图 5–34），第 1 块电能表火线电流为 0A，零线电流为 17.73A，第 2 块电能表火线电流为 0.17A，零线电流为 17.81A，由于智能表均是火线计量，故两户电能表均不计量，属于借零窃电。

图 5–34　现场电能表及测量照片

【防范措施】

现场计量装置安装规范，箱表“三封一锁”完整；加强台区日线损监控，及时发现异常；应用系统功能，通过电能表开盖记录、失压断相、客户日用电量对比等技术手段排查分析，加强台区现场巡视力度，定期开展现场核查。

案例 10　绕越计量装置窃电 3

【案例描述】

×供电所范庄 2 号台区月度线损率基本维持在合格范围，整体日线损相对稳定，但是个别天数线损波动较大，特别是 2 月 25 日，日线损突增为 9.52%，3 月 13 日、3 月 20 日线损分别高达 10.24 和 14.63 个百分点，5 月 2 日、5 日线损高达 10.13 和 9.64 个百分点。对比前期，台区月线损升高。2019 年 2 月、3 月和 5 月线损折线图见图 5－35～图 5－37。

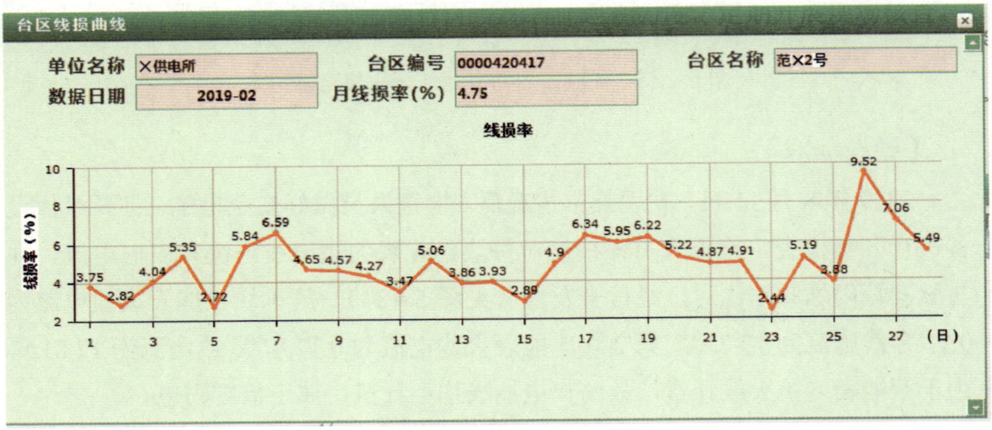

图 5－35　2019 年 2 月线损折线图

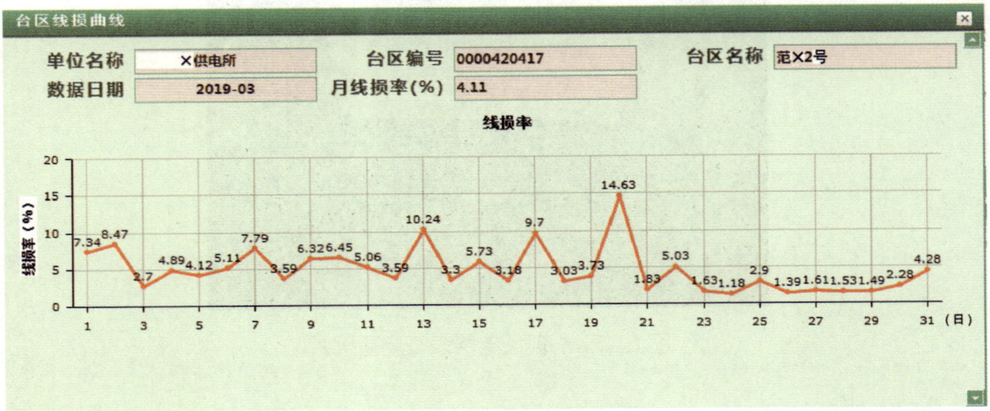

图 5－36　2019 年 3 月线损折线图

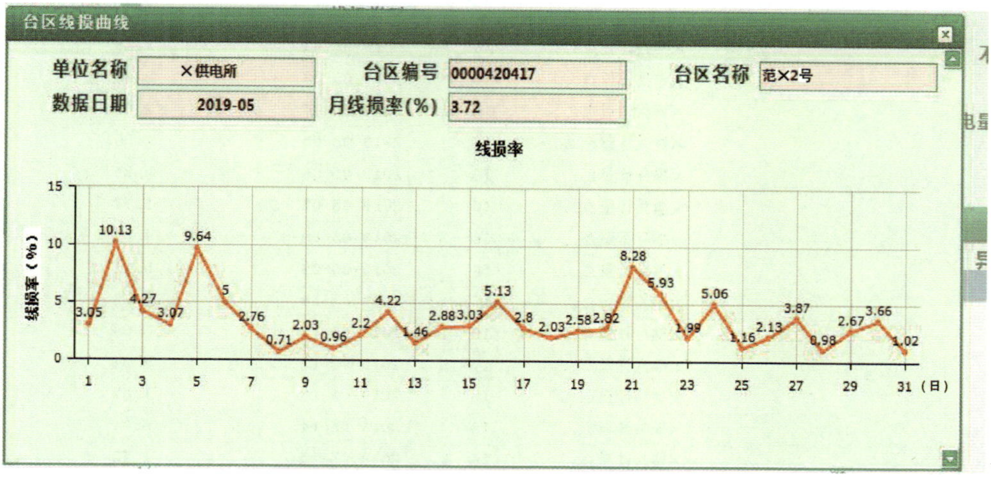

图 5-37　2019 年 5 月线损折线图

【原因分析】

通过询问工作人员和查阅对比台区档案，该台区档案未调整，无采集异常，初步预判台区线损变化较大原因为计量装置故障或疑似窃电。通过用电信息采集系统查阅 2、3、5 月的日线损，选取了 2 月 26 日、3 月 20 日与 5 月 2 日对比日采集电量，均未发现有用户用电量明显异常的，询问台区经理，该台区用户是否有最近增加大用电量电器而电量未增加的用户，通过电量比对，将 1 个用户作为疑似计量装置故障或疑似窃电重点排查对象。该用户日用电量见图 5-38。

	×继兵计量点...	16	2019-03-12	1.33
	×继兵计量点...	16	2019-03-13	1.70
	×继兵计量点...	16	2019-03-14	3.66
	×继兵计量点...	16	2019-03-15	3.50
	×继兵计量点...	16	2019-03-16	2.68
	×继兵计量点...	16	2019-03-17	2.34
	×继兵计量点...	16	2019-03-18	1.98
	×继兵计量点...	16	2019-03-19	1.95
	×继兵计量点...	16	2019-03-20	2.20
	×继兵计量点...	16	2019-03-21	1.57

图 5-38　用户日用电量图（一）

	×继兵计量点...	16	2019-05-01	1.13
	×继兵计量点...	16	2019-05-02	1.88
	×继兵计量点...	16	2019-05-03	2.46
	×继兵计量点...	16	2019-05-04	2.01
	×继兵计量点...	16	2019-05-05	1.96
	×继兵计量点...	16	2019-05-06	2.31
	×继兵计量点...	16	2019-05-07	1.71
	×继兵计量点...	16	2019-05-08	4.05
	×继兵计量点...	16	2019-05-09	5.22
	×继兵计量点...	16	2019-05-10	8.63
	×继兵计量点...	16	2019-05-11	6.06
	×继兵计量点...	16	2019-05-12	6.04
	×继兵计量点...	16	2019-05-13	1.67
	×继兵计量点...	16	2019-05-14	6.04
	×继兵计量点...	16	2019-05-15	1.72
	×继兵计量点...	16	2019-05-16	7.52
	×继兵计量点...	16	2019-05-17	3.41
	×继兵计量点...	16	2019-05-18	3.22
	×继兵计量点...	16	2019-05-19	0.00
	×继兵计量点...	16	2019-05-20	2.36

图 5-38　用户日用电量图（二）

该用户自购置大用电量电器后，用电量一直未增加，走访邻居用户，反映该用户大用电量电器不定期使用。

【核查情况】

2019 年 5 月 10 日，用电检查人员到达现场（见图 5-39），打开计量箱查看计量装置以及现场勘查，该用户电能表电流非常小，从表计接线看，电压、电流进出线连接正确无误，查看电能表外观正常，通过仪表分析发现电流进线、出线均正常，判定表计无问题。工作人员检查下户线时，发现该用户绕越计量装置私自接线到大用电量电器用电。工作人员通知客户到现场并拍照确认，客户认可事实情况，根据现场情况，工作人员判定客户窃电行为，并对客户下发违约用电、窃电通知书。

【防范措施】

现场计量装置安装规范，箱表“三封一锁”完整；加强台区日线损监控，及时发现异常；应用系统功能，通过电能表开盖记录、失压断相、客户日用电量对比等技术手段排查分析，加强台区现场巡视力度，定期开展现场核查。

图 5-39 现场照片

案例 11 绕越计量装置窃电 4

【案例描述】

×台区前期月度线损率维持在 5%～8%，日线损波动较大，2019 年 7 月 1 日线损率突然增高为 9.11%，后期日线损虽有波动，仍持续较高，7 月台区线损折线图见图 5-40。

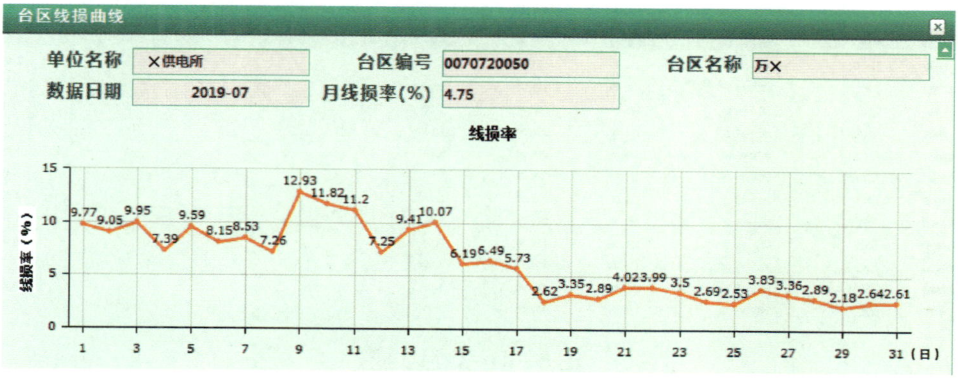

图 5-40 7 月台区线损折线图

【原因分析】

该台区档案未调整，无采集异常，初步预判为变—户关系不对应、计量装置故障或疑似窃电。通过用电信息采集系统查阅6、7月份的日线损，发现6月日线损率波动仍旧较大（见图5-41），查阅日线损情况，该台区日线损率在1%～3%，因此排除变—户关系错误的情况。对比用户电量负荷情况，除两个排灌用户外，其他各用户负荷无明显变化，选取日线损率较低的6月12日与6月10日、6月25日、7月9日用电情况进行对比（见图5-42和图5-43），6月12日负荷较大，供电量达到420kWh，线损率为2.86%，其他三个日期对比日负荷相对较小，供电量在200kWh以下，线损率较高，疑为变压器轻载，低压线路供电半径较长、线路老化造成线损波动。遂又与6月29日和6月30日负荷较高时的线损率进行对比（见图5-44），发现线损率分别为7%和4%，线损波动较大，对比7月8日和7月9日负荷较低时的线损率（见图5-45），波动仍旧较大，因此怀疑存在计量装置故障或疑似窃电行为造成日线损波动较大。

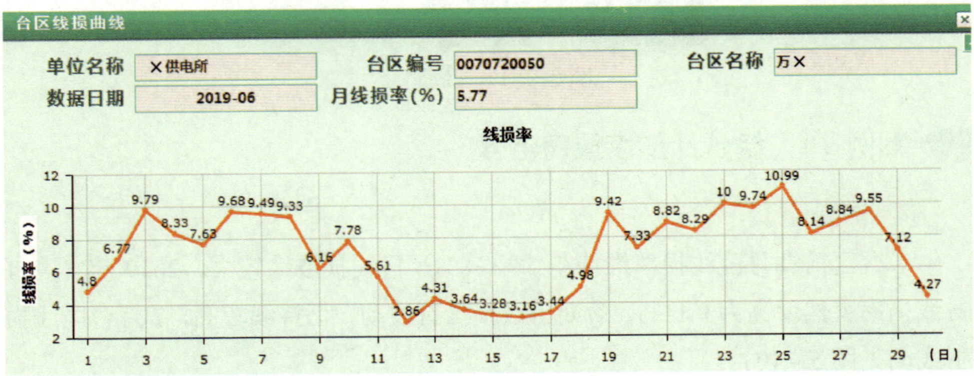

台区编号	台区名称	数据日期	台区总电量	用户总电量	线损电量(kWh)	线损率(%)
4178697	万×2	2019-06-18	203.00	197.00	6.00	2.96
4178697	万×2	2019-06-19	200.00	196.00	4.00	2.00
4178697	万×2	2019-06-20	224.00	219.00	5.00	2.23
4178697	万×2	2019-06-21	228.00	223.00	5.00	2.19
4178697	万×2	2019-06-22	244.00	237.00	7.00	2.87
4178697	万×2	2019-06-23	258.00	253.00	5.00	1.94
4178697	万×2	2019-06-24	374.00	365.00	9.00	2.41
4178697	万×2	2019-06-25	311.00	303.00	8.00	2.57
4178697	万×2	2019-06-26	277.00	271.00	6.00	2.17
4178697	万×2	2019-06-27	319.00	310.00	9.00	2.82
4178697	万×2	2019-06-28	196.00	189.00	7.00	3.57
4178697	万×2	2019-06-29	167.00	163.00	4.00	2.40
4178697	万×2	2019-06-30	176.00	172.00	4.00	2.27

图5-41　6月线损

供出电量信息

	用户名称	电能表资产编号	计量点编号	测量点编	电能表倍	日期	对比日期	上次示数(kWh)	本次示数(kWh)	采集电量(kWh)	对比日采集电量
40	×宝亮		7679792	16633...	1	2019-06-12	2019-06-10	2962.48	2966.23	4.00	4.00
41	×宝军		7679417	16636...	1	2019-06-12	2019-06-10	10320.72	10323.91	3.00	3.00
42	×宝文		7591384	16636...	1	2019-06-12	2019-06-10	4843.71	4845.38	2.00	2.00
43	×清银		7666839	16635...	1	2019-06-12	2019-06-10	2215.78	2215.78	0.00	0.00
44	×建卫		7669833	16632...	1	2019-06-12	2019-06-10	13046.85	13050.95	4.00	4.00
45	×清刚		7543408	16632...	1	2019-06-12	2019-06-10	4134.03	4136.74	3.00	3.00
46	×王平		7533883	16640...	1	2019-06-12	2019-06-10	7721.08	7727.28	6.00	4.00
47	×长江		7679426	16636...	1	2019-06-12	2019-06-10	677.06	677.31	0.00	0.00
48	×清贵		7623963	16636...	1	2019-06-12	2019-06-10	8991.67	8993.36	2.00	3.00
49	×清松		7612572	16635...	1	2019-06-12	2019-06-10	4055.66	4058.74	3.00	2.00
50	×宝义		7612023	16632...	1	2019-06-12	2019-06-10	7757.3	7760.32	3.00	3.00
51	×清广		7661220	16643...	1	2019-06-12	2019-06-10	5552.69	5552.69	0.00	1.00
52	×宝森		7634854	16636...	1	2019-06-12	2019-06-10	3628.8	3628.8	0.00	0.00
53	×建彬排倍		0001261...	24394...	40	2019-06-12	2019-06-10	1376.08	1380.24	166.00	45.00
54	×建彬排倍1		0001261...	24394...	40	2019-06-12	2019-06-10	2854.05	2857.02	119.00	14.00
55	×建斌		0001286...	24613...	1	2019-06-12	2019-06-10	27268.94	27269.09	0.00	0.00
56	×建斌		0001286...	24613...	1	2019-06-12	2019-06-10	18754.11	18754.11	0.00	0.00
57	×建斌		0001286...	24613...	1	2019-06-12	2019-06-10	14966.71	14974.94	8.00	5.00
58	×建斌		0001286...	24613...	1	2019-06-12	2019-06-10	18166.47	18167.16	1.00	1.00
59	×清贞一		0001488...	26588...	1	2019-06-12	2019-06-10	2615.55	2615.55	0.00	0.00
60	×清贞二		0001488...	26572...	1	2019-06-12	2019-06-10	11986.16	11987.2	1.00	1.00
61	×州年丰交通...		0002126...	30847...	1	2019-06-12	2019-06-10	167.87	168.25	0.00	0.00

图 5-42　6 月 12 日与 6 月 10 日采集电量对比

供出电量信息

	用户名称	电能表资产编号	计量点编号	测量点编	电能表倍	日期	对比日期	上次示数(kWh)	本次示数(kWh)	采集电量(kWh)	对比日采集电量
40	×宝亮		7679792	16633...	1	2019-06-12	2019-06-25	2962.48	2966.23	4.00	3.00
41	×宝军		7679417	16636...	1	2019-06-12	2019-06-25	10320.72	10323.91	3.00	3.00
42	×宝文		7591384	16636...	1	2019-06-12	2019-06-25	4843.71	4845.38	2.00	1.00
43	×清银		7666839	16635...	1	2019-06-12	2019-06-25	2215.78	2215.78	0.00	0.00
44	×建卫		7669833	16632...	1	2019-06-12	2019-06-25	13046.85	13050.95	4.00	5.00
45	×清刚		7543408	16632...	1	2019-06-12	2019-06-25	4134.03	4136.74	3.00	3.00
46	×王平		7533883	16640...	1	2019-06-12	2019-06-25	7721.08	7727.28	6.00	6.00
47	×长江		7679426	16636...	1	2019-06-12	2019-06-25	677.06	677.31	0.00	0.00
48	×清贵		7623963	16636...	1	2019-06-12	2019-06-25	8991.67	8993.36	2.00	3.00
49	×清松		7612572	16635...	1	2019-06-12	2019-06-25	4055.66	4058.74	3.00	2.00
50	×宝义		7612023	16632...	1	2019-06-12	2019-06-25	7757.3	7760.32	3.00	3.00
51	×清广		7661220	16643...	1	2019-06-12	2019-06-25	5552.69	5552.69	0.00	0.00
52	×宝森		7634854	16636...	1	2019-06-12	2019-06-25	3628.8	3628.8	0.00	0.00
53	×建彬排倍		0001261...	24394...	40	2019-06-12	2019-06-25	1376.08	1380.24	166.00	0.00
54	×建彬排倍1		0001261...	24394...	40	2019-06-12	2019-06-25	2854.05	2857.02	119.00	24.00
55	×建斌		0001286...	24613...	1	2019-06-12	2019-06-25	27268.94	27269.09	0.00	0.00
56	×建斌		0001286...	24613...	1	2019-06-12	2019-06-25	18754.11	18754.11	0.00	0.00
57	×建斌		0001286...	24613...	1	2019-06-12	2019-06-25	14966.71	14974.94	8.00	8.00
58	×建斌		0001286...	24613...	1	2019-06-12	2019-06-25	18166.47	18167.16	1.00	1.00
59	×清贞一		0001488...	26588...	1	2019-06-12	2019-06-25	2615.55	2615.55	0.00	0.00
60	×清贞二		0001488...	26572...	1	2019-06-12	2019-06-25	11986.16	11987.2	1.00	1.00
61	×州年丰交通设...		0002126...	30847...	1	2019-06-12	2019-06-25	167.87	168.25	0.00	0.00

图 5-43　6 月 12 日与 6 月 25 日采集电量对比

供出电量信息

	用户名称	电能表资产编号	计量点编号	测量点编	电能表倍	日期	对比日期	上次示数(kWh)	本次示数(kWh)	采集电量(kWh)	对比日采集电量
40	×宝亮		7679792	16633...	1	2019-06-29	2019-06-30	3023.57	3028.09	5.00	4.00
41	×宝军		7679417	16636...	1	2019-06-29	2019-06-30	10389.63	10393.31	4.00	3.00
42	×宝文		7591384	16636...	1	2019-06-29	2019-06-30	4864.47	4865.58	1.00	1.00
43	×清银		7666839	16635...	1	2019-06-29	2019-06-30	2216.39	2216.66	0.00	0.00
44	×建卫		7669833	16632...	1	2019-06-29	2019-06-30	13129.28	13134.55	5.00	4.00
45	×清刚		7543408	16632...	1	2019-06-29	2019-06-30	4190.28	4193.15	3.00	4.00
46	×玉平		7533883	16640...	1	2019-06-29	2019-06-30	7788.88	7792.4	4.00	3.00
47	×长江		7679426	16636...	1	2019-06-29	2019-06-30	680.76	681.01	0.00	0.00
48	×清贵		7623963	16636...	1	2019-06-29	2019-06-30	9036.86	9038.97	2.00	7.00
49	×清松		7612572	16635...	1	2019-06-29	2019-06-30	4094.92	4096.96	2.00	3.00
50	×宝义		7612023	16632...	1	2019-06-29	2019-06-30	7810.13	7813.45	3.00	3.00
51	×清广		7661220	16643...	1	2019-06-29	2019-06-30	5552.69	5552.69	0.00	0.00
52	×宝森		7634854	16636...	1	2019-06-29	2019-06-30	3628.8	3628.8	0.00	0.00
53	×建彬排倍		0001261...	24394...	40	2019-06-29	2019-06-30	1394.15	1397.17	121.00	134.00
54	×建彬排倍1		0001261...	24394...	40	2019-06-29	2019-06-30	2875.85	2876.36	20.00	23.00
55	×建斌		0001286...	24613...	1	2019-06-29	2019-06-30	27304.77	27304.92	0.00	0.00
56	×建斌		0001286...	24613...	1	2019-06-29	2019-06-30	18754.11	18754.11	0.00	0.00
57	×建斌		0001286...	24613...	1	2019-06-29	2019-06-30	15064.5	15070.87	6.00	4.00
58	×建斌		0001286...	24613...	1	2019-06-29	2019-06-30	18251.78	18254.8	3.00	2.00
59	×清贞一		0001488...	26588...	1	2019-06-29	2019-06-30	3204.94	3204.94	0.00	0.00
60	×清贞二		0001488...	26572...	1	2019-06-29	2019-06-30	12003.79	12004.84	1.00	1.00
61	×州年丰交通...		0002126...	30847...	1	2019-06-29	2019-06-30	174.33	174.71	0.00	0.00

图 5-44　6 月 29 日与 6 月 30 日采集电量对比

供出电量信息

	用户名称	电能表资产编号	计量点编号	测量点编	电能表倍	日期	对比日期	上次示数(kWh)	本次示数(kWh)	采集电量(kWh)	对比日采集电量
40	×宝亮		7679792	16633...	1	2019-07-08	2019-07-09	3056.61	3059.52	3.00	5.00
41	×宝军		7679417	16636...	1	2019-07-08	2019-07-09	10419.86	10423.1	3.00	3.00
42	×宝文		7591384	16636...	1	2019-07-08	2019-07-09	4873.86	4874.64	1.00	1.00
43	×清银		7666839	16635...	1	2019-07-08	2019-07-09	2216.99	2216.99	0.00	0.00
44	×建卫		7669833	16632...	1	2019-07-08	2019-07-09	13171.38	13177.57	6.00	5.00
45	×清刚		7543408	16632...	1	2019-07-08	2019-07-09	4219.89	4223.13	3.00	3.00
46	×玉平		7533883	16640...	1	2019-07-08	2019-07-09	7833.55	7837.06	4.00	3.00
47	×长江		7679426	16636...	1	2019-07-08	2019-07-09	683.1	683.12	0.00	0.00
48	×清贵		7623963	16636...	1	2019-07-08	2019-07-09	9064.57	9066.6	2.00	2.00
49	×清松		7612572	16635...	1	2019-07-08	2019-07-09	4117.11	4119.2	2.00	3.00
50	×宝义		7612023	16632...	1	2019-07-08	2019-07-09	7838.57	7840.44	2.00	2.00
51	×清广		7661220	16643...	1	2019-07-08	2019-07-09	5552.69	5552.69	0.00	0.00
52	×宝森		7634854	16636...	1	2019-07-08	2019-07-09	3628.8	3628.8	0.00	0.00
53	×建彬排倍		0001261...	24394...	40	2019-07-08	2019-07-09	1400.52	1400.53	0.00	0.00
54	×建彬排倍1		0001261...	24394...	40	2019-07-08	2019-07-09	2879.34	2879.56	9.00	6.00
55	×建斌		0001286...	24613...	1	2019-07-08	2019-07-09	27306.15	27306.3	0.00	0.00
56	×建斌		0001286...	24613...	1	2019-07-08	2019-07-09	18754.11	18754.11	0.00	0.00
57	×建斌		0001286...	24613...	1	2019-07-08	2019-07-09	15123.43	15127.29	4.00	4.00
58	×建斌		0001286...	24613...	1	2019-07-08	2019-07-09	18276.92	18280.67	4.00	3.00
59	×清贞一		0001488...	26588...	1	2019-07-08	2019-07-09	3204.94	3204.94	0.00	0.00
60	×清贞二		0001488...	26572...	1	2019-07-08	2019-07-09	12013.21	12014.26	1.00	1.00
61	×州年丰...		0002126...	30847...	1	2019-07-08	2019-07-09	177.86	178.24	0.00	0.00

图 5-45　7 月 8 日与 7 月 9 日采集电量对比

【整改情况】

2019 年 7 月 14 日，用电检查人员到达现场（见图 5-46 和图 5-47），通过逐户查看计量装置以及现场勘查，发现 1 户异常。该用户私自开启计量箱，私接电线至表前开关处用电，造成电量未计量，判定客户为故意绕越供电企业计量装置用电，并对客户下发违约用电、窃电通知书。

图 5-46 现场电能表照片

图 5-47 客户在窃电通知单签字

依据《供电营业规则》规定，擅自接线用电，属于窃电行为，窃电者应按所窃电量补交电费，并承担补交电费三倍的违约使用电费。该客户补交电费 295.33 元，违约使用电费 885.99 元，共计 1181.32 元。

【防范措施】

（1）加大用电检查的常态化工作为基础。充分利用采集系统及营销业务应用平台，通过大数据应用及现场巡视锁定重点目标，对表计失压、断流、零电量及日超容的客户进行登记，整理疑似窃电、违约用户清单，严肃查处各类窃电及违约用电行为。

（2）确定重点管控对象，进行跟踪检查。重点放在专用变压器用户、特殊变压器用户，主要是高电价、高耗电、季节性、临时用电客户，在用电信息采集系统建立群组，定期查看此类客户用电负荷情况。

（3）在源头上做好反窃电、违约用电的工作。在业扩报装环节、中间检查、装表接电等环节做好预防性工作，对异常业务如电能表丢失、表计烧坏、计量故障应重点做好现场的调查核实，确认是否违约用电及窃电。

（4）加强用电检查人员业务技能的提高。培训加大反窃电人员的稽查能力，掌握实用的、新式的反窃电技能，利用多种智能检测、分析设备排查疑似窃电行为。

（5）提高抄表员的防窃电意识。在抄、核过程中通过检查直接发现窃电线索，及时发现用户直接挂在供电线路上的窃电、计量柜封印破损、表计铅封开启等可以迹象。

（6）建立群防群治“反窃电”宣传活动。大力营造打击窃电依法用电的良好氛围，增强广大客户安全用电、依法用电的仪式。完善举报奖励制度，鼓励群众主动揭发窃电和违约用电行为。

案例 12　用户掐断电能表进线窃电

【案例描述】

某台区前期月度线损率维持在 2%～4%，日线损相对稳定，2019 年 11 月 15 日日线损突增为 10.66%，线损率较之前明显升高，11 月台区线损折线图见图 5–48。

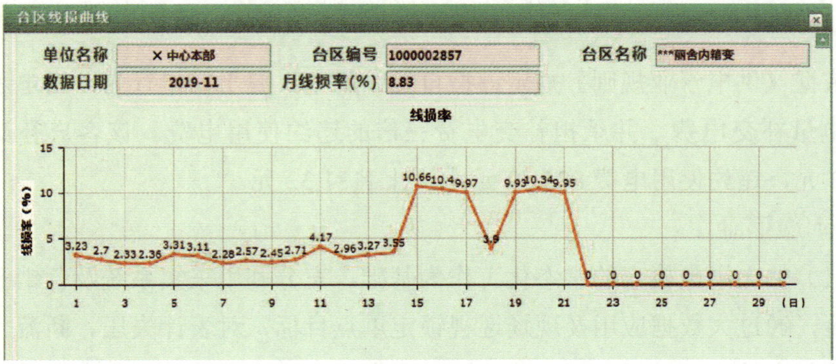

图 5–48　11 月台区线损折线图

【原因分析】

经核实，该台区档案未调整，通过用电信息采集系统中该台区的供出电量分析（见图 5-49），发现 1 个用户终端停电，日冻结表码未采集，将这个用户作为疑似计量装置故障或疑似窃电重点排查对象。

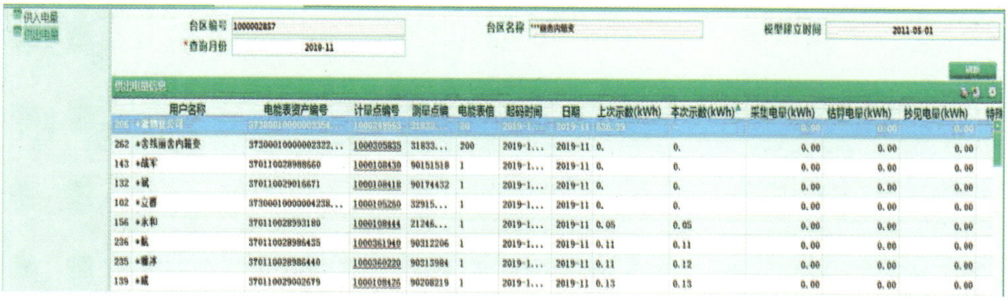

	用户名称	电能表资产编号	计量点编号	测量点编	电能表倍	起码时间	日期	上次示数(kWh)	本次示数(kWh)	采集电量(kWh)	估算电量(kWh)	抄见电量(kWh)	特殊
206	*富物业公司	37300010000003354...	[illegible]	31833...	[illegible]	2019-1...	2019-11	636.39	-	0.00	0.00	0.00	
262	*舍线丽舍内箱变	37300010000002322...	1000305835	31833...	200	2019-1...	2019-11	0.	0.	0.00	0.00	0.00	
143	*战军	370110028988660	1000108430	90151518	1	2019-1...	2019-11	0.	0.	0.00	0.00	0.00	
132	*斌	370110029016671	1000108418	90174432	1	2019-1...	2019-11	0.	0.	0.00	0.00	0.00	
102	*立哲	37300010000004238...	1000105260	32915...	1	2019-1...	2019-11	0.	0.	0.00	0.00	0.00	
156	*永和	370110028993180	1000108444	21246...	1	2019-1...	2019-11	0.05	0.05	0.00	0.00	0.00	
236	*航	370110028986435	1000361940	90312206	1	2019-1...	2019-11	0.11	0.11	0.00	0.00	0.00	
235	*雁冰	370110028986440	1000360220	90313984	1	2019-1...	2019-11	0.11	0.12	0.00	0.00	0.00	
139	*斌	370110029002679	1000108426	90208219	1	2019-1...	2019-11	0.13	0.13	0.00	0.00	0.00	

图 5-49 11 月台区供出电量

【整改情况】

2019 年 11 月 18 日，发现该终端停电，通知装表接电班到现场处理。工作人员到达现场后，发现现场表计进线没电，由于该户表计在户外，而互感器在地下室，工作人员误认为该户没有互感器，电源进线没电则用户侧就没电，工作人员询问用户现场是否还用电，用户回答不用电。

11 月 22 日，发现该终端依然停电，询问装表接电班工作人员后判断现场用户应该依然用电，随即与用电检查人员到达现场，通过查看电能表与互感器，发现地下室中三相四线电能表的三根电压进线被掐断，导致表计停电不计量，随即对客户下发违约用电、窃电通知书。现场电能表及互感器照片见图 5-50。

图 5-50 现场电能表及互感器照片

【防范措施】

将计量装置安装在室外明显的地方；加强台区日线损监控，发现异常后还要跟踪异常处理进度，确保异常及时消除；通过客户日用电量对比等技术手段排查分析，加强台区现场巡视力度，定期开展现场核查。

第六章

技术类典型案例

案例 1　拆迁台区，线路长，用户用电位置分散，线损高

【案例描述】

×台区自 2019 年 2 月 19 号以后，台区线损持续高损。线损值为 13%左右，见图 6－1。

0000091801	北×	2019-02-19	501.00	430.00	71.00		14.17
0000091801	北×	2019-02-20	388.00	341.00	47.00		12.11
0000091801	北×	2019-02-21	399.00	347.00	52.00		13.03
0000091801	北×	2019-02-22	358.00	315.00	43.00		12.01
0000091801	北×	2019-02-23	269.00	231.00	38.00		14.13
0000091801	北×	2019-02-24	305.00	267.00	38.00		12.46
0000091801	北×	2019-02-25	277.00	242.00	35.00		12.64
0000091801	北×	2019-02-26	329.00	285.00	44.00		13.37
0000091801	北×	2019-02-27	263.00	231.00	32.00		12.17
0000091801	北×	2019-02-28	263.00	228.00	35.00		13.31

图 6－1　线损值为 13%左右

【原因分析】

该台区属于 2019 年移民拆迁工程，在 2019 年 2 月中旬完成部分用户的拆迁工作，还剩余 48 户不再拆迁。变压器位于中间位置，分别向西、南和东北方向供电。其中西面和南面向分别为 4～5 户，供电线路为 16mm^2 裸铝线，供电距离 600～900m。东北方向为 38 户，供电线路为 16mm^2 裸铝线，供电距离 900m 左右，并且是主线杆出线后进行 U 型环绕供电，电源线在用户家中穿越环绕，存在窃电风险。

【整改情况】

4 月 9 日，营销部协同运检及供电所人员对现场进行勘察。根据现场供电线路情况，制订整改方案。一是西侧无电源，更换下户线；二是对于东北方向用电客户，拆除原线路，直接铺设 300～400m 电缆，同时将线路移出用户院内；三是核实现场运行表计是否正常，更换异常表计。对于已拆迁用户进行销户处理。4 月 10 日对现场运行表计进行了逐块核查，未发现问题。4 月 15 日完成现场整改，4 月 17 日台区线损明显降低，见图 6－2。

0000091801	北×	2019-04-16	181.00	156.00	25.00	13.81
0000091801	北×	2019-04-17	201.00	191.00	10.00	4.98
0000091801	北×	2019-04-18	193.00	187.00	6.00	3.11
0000091801	北×	2019-04-19	198.00	195.00	3.00	1.52
0000091801	北×	2019-04-20	203.00	197.00	6.00	2.96
0000091801	北×	2019-04-21	202.00	195.00	7.00	3.47
0000091801	北×	2019-04-22	187.00	183.00	4.00	2.14
0000091801	北×	2019-04-23	198.00	193.00	5.00	2.53
0000091801	北×	2019-04-24	212.00	206.00	6.00	2.83
0000091801	北×	2019-04-25	194.00	186.00	8.00	4.12

总计30条记录 1/1页 首页 上一页 1 下一页 尾页 转到第 1 页

图 6－2 4 月 17 日台区线损明显降低

【防范措施】

对于未完全拆迁的老旧台区，拆迁后用电客户减少，供电半径长，线路老化，布局不合理等现象，因根据现场实际情况，就近切割用电负荷，减少线路损耗；拆除已退运的线路，避免线路空耗；对于用电密集客户，重新优化供电线路，减少损耗；因拆迁造成现场管理混乱，需及时拆回不用表计，核查现场运行表计是否正常，梳理线路，做好防窃电工作。

案例 2 下户线与通信钢绞线接触引起线损异常

【案例描述】

×村 03 西 200 变台区 2019 年 3 月突发高线损，见图 6－3。

台区名称	数据日期	台区总电量(kWh)	用户总电量(kWh)	线损电量(kWh)	线损率(%)
×村03西200变	2019-03-01	269.00	245.00	24.00	8.92
×村03西200变	2019-03-02	211.00	192.00	19.00	9.00
×村03西200变	2019-03-03	204.00	179.00	25.00	12.25
×村03西200变	2019-03-04	262.00	234.00	28.00	10.69
×村03西200变	2019-03-05	240.00	216.00	24.00	10.00

图 6－3 2019 年 3 月突发高线损

【原因分析】

（1）窃电情况分析线损、用户电量无突然变化异常。

（2）现场核查，未发现核查台户关系异常、未发现窃电情况，在检查中发现一处表箱下户线在通信钢绞线上搭挂，分析是否有绝缘破损情况，见图 6–4。

图 6–4　现场照片

【整改情况】

在对下户线检查时，发现有铝塑线有破损的情况且与钢绞线接触，及时对破损导线进行更换。更换导线后日线损恢复正常，见图 6–5。

×村03西200变	2019-03-24	241.00	209.00	32.00	13.28
×村03西200变	2019-03-25	257.00	228.00	29.00	11.28
×村03西200变	2019-03-26	233.00	229.00	4.00	1.72

图 6–5　线损恢复正常

【防范措施】

现场下户线搭挂在通信钢绞线上，造成电流泄漏电量损耗，存在严重安全隐患，同时影响台区线损的问题。如遇此类问题，应先核查台区线路、下户线破损情况，确保台区线路绝缘良好，及时处理搭挂通信线的情况，有利减少台区损耗。

案例 3　台区配出地下电缆故障引起线损异常

【案例描述】

×02 村东 400 变台区 2019 年 1 月突发高线损，见图 6－6。

台区名称	数据日期	台区总电量(kWh)	用户总电量(kWh)	线损电量(kWh)	线损率(%)
×02村东400变	2019-01-03	1373.00	1266.00	107.00	7.79
×02村东400变	2019-01-04	1322.00	1209.00	113.00	8.55
×02村东400变	2019-01-05	1355.00	1256.00	99.00	7.31
×02村东400变	2019-01-06	1289.00	1200.00	89.00	6.90
×02村东400变	2019-01-07	1088.00	1166.00	-78.00	-7.17
×02村东400变	2019-01-08	860.00	770.00	90.00	10.47

图 6－6　2019 年 1 月突发高线损

【原因分析】

（1）核查台户关系正常。

（2）分析网架情况：最大供电半径不超 200m，网架结构良好。排查用户未发现低电压情况。

（3）经多次夜查未发现窃电情况。

（4）检验表计误差正常。

（5）分析线损、用户电量无突然变化异常，配出线路为电缆加架空敷设方式，分析是否存在电缆绝缘问题。

【整改情况】

3 月 23 日，对配出电缆进行检测发现绝缘降低，在对管道电缆检查发现有电缆破损的情况且与潮湿土壤接触，及时对破损电缆进行更换。更换电缆后日线损恢复正常，见图 6－7。

台区名称	数据日期	台区总电量(kWh)	用户总电量(kWh)	线损电量(kWh)	线损率(%)
×02村东400变	2019-03-19	455.00	386.00	69.00	15.16
×02村东400变	2019-03-20	508.00	417.00	91.00	17.91
×02村东400变	2019-03-21	488.00	403.00	85.00	17.42
×02村东400变	2019-03-22	469.00	379.00	90.00	19.19
×02村东400变	2019-03-23	427.00	388.00	39.00	9.13
×02村东400变	2019-03-24	402.00	382.00	20.00	4.98
×02村东400变	2019-03-25	396.00	375.00	21.00	5.30

图 6－7　更换电缆后日线损恢复正常

【防范措施】

现场配出电缆故障，造成电量损耗，持续影响台区线损的问题。如遇此类问题，应先核查台区线路、下户线情况，确保台区线路绝缘良好，有利减少台区损耗。

案例 4 低压线路老化，线损高损

【案例描述】

西×台区线损率连续几天呈现负损和高线损交替出现的现象。经采集系统核查，2019 年 4 月 14 日和 15 日该台区出现高线损现象，见图 6-8。

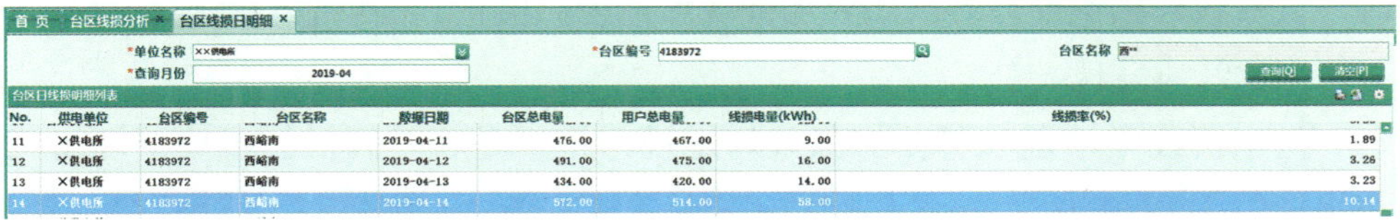
首 页　台区线损分析　台区线损日明细

*单位名称 ××供电所　*台区编号 4183972　台区名称 西**

*查询月份 2019-04　查询[Q]　清空[P]

台区日线损明细列表

No.	供电单位	台区编号	台区名称	数据日期	台区总电量	用户总电量	线损电量(kWh)	线损率(%)
11	×供电所	4183972	西峪南	2019-04-11	476.00	467.00	9.00	1.89
12	×供电所	4183972	西峪南	2019-04-12	491.00	475.00	16.00	3.26
13	×供电所	4183972	西峪南	2019-04-13	434.00	420.00	14.00	3.23
14	×供电所	4183972	西峪南	2019-04-14	572.00	514.00	58.00	10.14

图 6-8　2019 年 4 月 14 日和 15 日该台区出现高线损现象

【原因分析】

该台区在 2019 年 4 月 14 日出现高损，该台区平日线损率完成较好。经过现场档案核对，发现与系统均一致，仅在刘×电能表箱核对时听到细微放电声音，该表箱破损严重、线路老化，见图 6-9。

图 6-9　表箱破损严重、线路老化

【整改情况】

4 月 15 日，供电所组织人员将电表箱更换、将老化线路更换、漏电处绝缘化处理，恢复正常，见图 6-10。

*单位名称 ×供电所　*台区编号 4183972　台区名称 西**
*查询月份 2019-05　查询[Q]　清空[P]

日线损明细列表

供电单位	台区编号	台区名称	数据日期	台区总电量	用户总电量	线损电量(kWh)	线损率(%)
×供电所	4183972	西峪南	2019-05-01	409.00	396.00	13.00	3.18
×供电所	4183972	西峪南	2019-05-02	323.00	308.00	15.00	4.64
×供电所	4183972	西峪南	2019-05-03	405.00	386.00	19.00	4.69
×供电所	4183972	西峪南	2019-05-04	396.00	382.00	14.00	3.54
×供电所	4183972	西峪南	2019-05-05	332.00	317.00	15.00	4.52
×供电所	4183972	西峪南	2019-05-06	366.00	352.00	14.00	3.83
×供电所	4183972	西峪南	2019-05-07	417.00	404.00	13.00	3.12
×供电所	4183972	西峪南	2019-05-08	426.00	410.00	16.00	3.76
×供电所	4183972	西峪南	2019-05-09	323.00	314.00	9.00	2.79
×供电所	4183972	西峪南	2019-05-10	379.00	368.00	11.00	2.90

图 6-10　恢复正常

【防范措施】

台区经理应加强责任心，检查计量装置损坏、线路老化情况。当线损高损时，认真核对档案的同时。还要加强现场巡视、检查。因该表箱在电杆高处，故障点比较难发现。

供电所线损治理人员要加强现场巡视，排查是否是因低压线路损坏造成高损。

案例 5　末端大负荷导致台区高损案例

【案例描述】

某台区前期月度线损率维持在 4%～5%，日线损也相对稳定，始终处于 5% 左右，偶尔可高达 7.74%，见图 6-11。

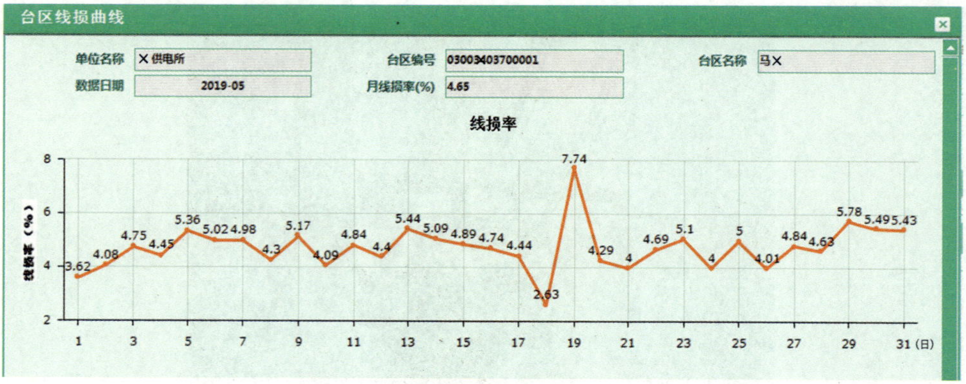

图 6-11　5 月台区线损折线图

【原因分析】

该台区档案未调整，组织供电所降损工作小组成员对该台区现场表计进行了逐一检查，发现所有表计均运行采集正常，铅封封印完好无损，计量箱完整且全部卡封，导线全部为绝缘线路无裸露点，现场表计与系统数据完全一致，未发现异常用电情况。经系统数据对比发现，客户马某用电量大时该台区日线损大，该用户用电量少时该台区日线损小。经过对现场的实地检查发现，该用户位于该台区供电的最末端，距离变压器距离为430m，初步怀疑为台区供电半径长线路末端重负荷导致的台区高损，见图6–12和图6–13。

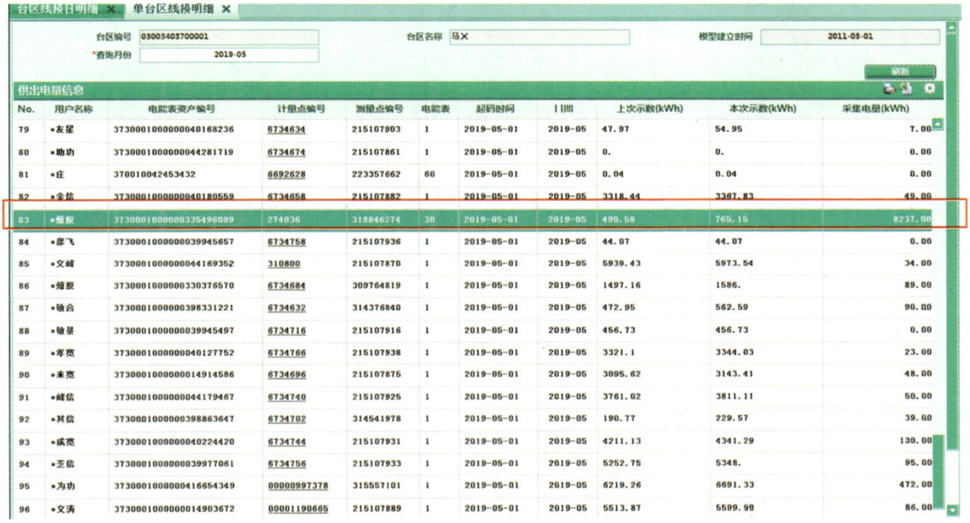
台区线损日明细 ✕ 单台区线损明细 ✕

台区编号 03003403700001 台区名称 马X 模型建立时间 2011-05-01

*查询月份 2019-05

刷新

供出电量信息

No.	用户名称	电能表资产编号	计量点编号	测量点编号	电能表	起码时间	日期	上次示数(kWh)	本次示数(kWh)	采集电量(kWh)
79	*友星	3730001000000040168236	6734634	215107903	1	2019-05-01	2019-05	47.97	54.95	7.00
80	*助功	3730001000000044281719	6734674	215107861	1	2019-05-01	2019-05	0.	0.	0.00
81	*庄	370010042453432	6692628	223357662	60	2019-05-01	2019-05	0.04	0.04	0.00
82	*全信	3730001000000040180559	6734658	215107882	1	2019-05-01	2019-05	3318.44	3367.83	49.00
83	*燎原	3730001000000335496099	274036	318846274	30	2019-05-01	2019-05	490.58	765.15	8237.00
84	*彦飞	3730001000000039945657	6734758	215107936	1	2019-05-01	2019-05	44.07	44.07	0.00
85	*文峰	3730001000000044169352	310800	215107870	1	2019-05-01	2019-05	5939.43	5973.54	34.00
86	*燎原	3730001000000330376570	6734684	309764819	1	2019-05-01	2019-05	1497.16	1586.	89.00
87	*敏合	3730001000000398331221	6734632	314376840	1	2019-05-01	2019-05	472.95	562.59	90.00
88	*敏景	3730001000000039945497	6734716	215107916	1	2019-05-01	2019-05	456.73	456.73	0.00
89	*孝宽	3730001000000040127752	6734766	215107938	1	2019-05-01	2019-05	3321.1	3344.03	23.00
90	*来宽	3730001000000014914586	6734696	215107875	1	2019-05-01	2019-05	3095.62	3143.41	48.00
91	*峰信	3730001000000044179467	6734740	215107925	1	2019-05-01	2019-05	3761.02	3811.11	50.00
92	*其信	3730001000000398863647	6734702	314541978	1	2019-05-01	2019-05	190.77	229.57	39.00
93	*成宽	3730001000000040224420	6734744	215107931	1	2019-05-01	2019-05	4211.13	4341.29	130.00
94	*芝信	3730001000000039977061	6734756	215107933	1	2019-05-01	2019-05	5252.75	5348.	95.00
95	*为功	3730001000000416654349	00000997378	315557101	1	2019-05-01	2019-05	6219.26	6691.33	472.00
96	*文涛	3730001000000014903672	00001190665	215107889	1	2019-05-01	2019-05	5513.87	5599.98	86.00

图6–12　5月台区用户电量明细

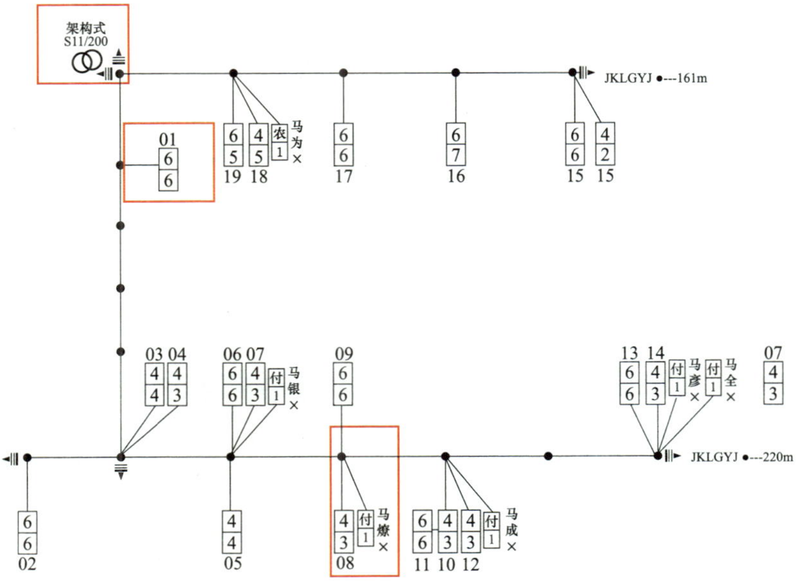

图6–13　某台区低压地理接线示意图

【整改情况】

2019 年 7 月 5 日，对该村庄实施了电网升级改造，新建配电变压器一台，新配电变压器安装于重负荷附近，缩短了原台区的供电半径。新台区（见图 6－14）投运后，对客户马某的电源进行了切改，新台区投运后，7 月原台区线损降至 0.34%，日线损稳定在 1%左右，见图 6－15 和图 6－16。

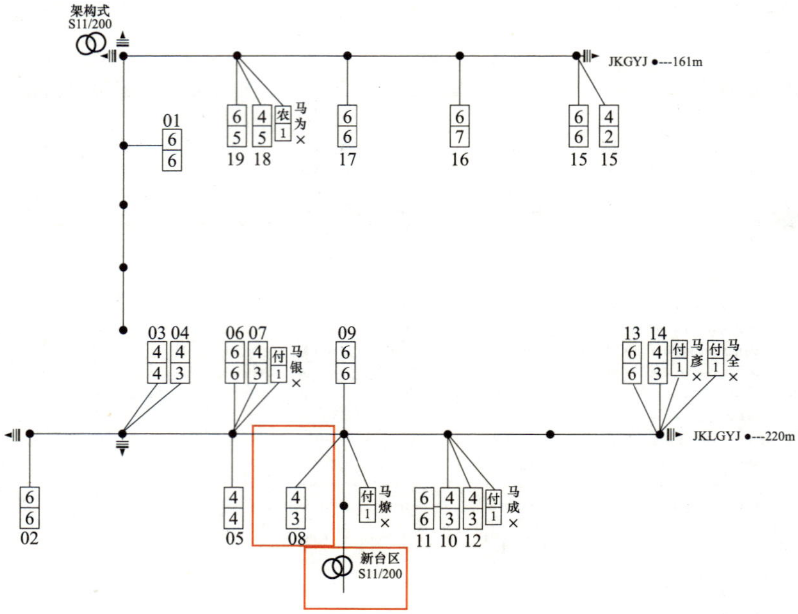

图 6－14　新增台区后低压地理接线示意图

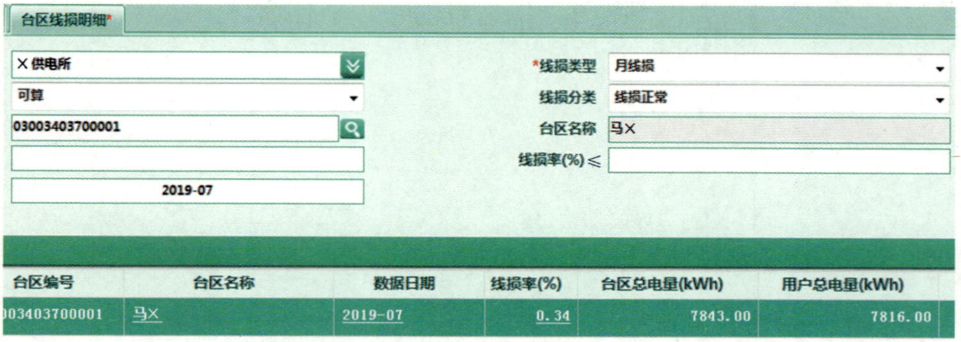
台区线损明细*

X 供电所
可算
03003403700001
2019-07
*线损类型 月线损
线损分类 线损正常
台区名称 马X
线损率(%)≤

台区编号	台区名称	数据日期	线损率(%)	台区总电量(kWh)	用户总电量(kWh)
003403700001	马X	2019-07	0.34	7843.00	7816.00

图 6－15　改造后原台区 7 月线损

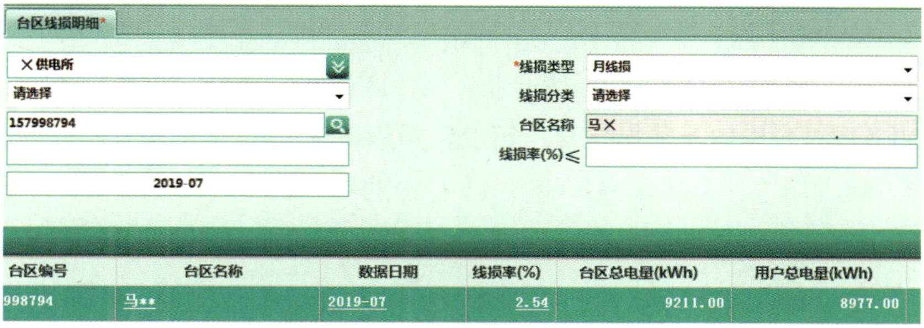

图 6-16 改造后新台区 7 月线损

【防范措施】

供电所的 0.4kV 营业线损可分为技术线损和管理线损两大类。技术线损是配电线路、设备上的物理损耗；管理线损是由计量设备误差、管理不善以及电力元件漏电引起的电能损失，管理线损是影响营业线损的一个较大因素。在基层供电所的线损管理中，要采取配电线路运维、营业普查等方式综合降损。×供电所创新管理模式，采取所长、线损专责、台区经理三级协作管控的方式，精益化运维配电设施，营销系统、采集系统数据横相对比，做到降损工作有计划、有措施、有落实、有总结、有考核，降损成效明显。

案例 6 公用线路漏电

【案例描述】

某台区前期月度线损率维持在 3%～7%，日线损相对稳定，2019 年 11 月 14 日下午日线损刷新后发现 11 月 13 日的日线损突增为 72.04%，线损率较之前明显升高，见图 6-17。

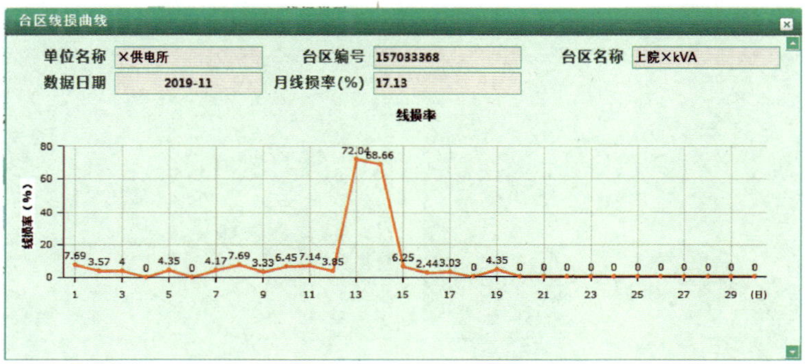

图 6-17 11 月台区日线损图

【原因分析】

11 月 14 日下午立即进行原因分析，该台区档案未调整，且用电信息采集系统内 13 日、14 日均无采集异常，初步预判为现场远距离短路、窃电或计量装置故障。通过用电信息采集系统查阅 11 月份的日线损，选取了 11 月 10 日、12 日与 13 日对比日采集电量，共有户数 20 户，5 户用户有用电量，但均无突增突减，核查总表表计 2019－11－13 11:00 B 相电流徒增，电压无变化，从而排查重点放在偷窃电、线路故障、总表表计问题，见图 6－18。

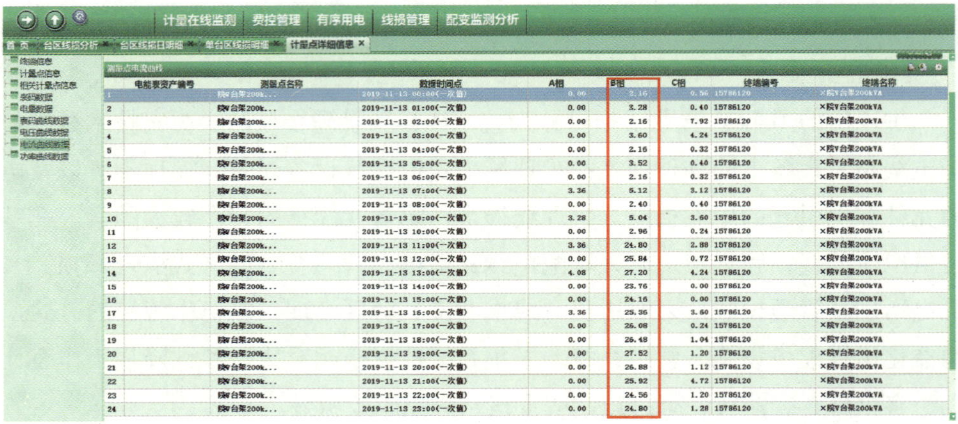

	电能表资产编号	测量点名称	数据时间点	A相	B相	C相	终端编号	终端名称
1		院V台架200k...	2019-11-13 00:00(一次值)	0.00	2.16	0.56	15786120	×院V台架200kVA
2		院V台架200k...	2019-11-13 01:00(一次值)	0.00	3.28	0.40	15786120	×院V台架200kVA
3		院V台架200k...	2019-11-13 02:00(一次值)	0.00	2.16	7.92	15786120	×院V台架200kVA
4		院V台架200k...	2019-11-13 03:00(一次值)	0.00	3.60	4.24	15786120	×院V台架200kVA
5		院V台架200k...	2019-11-13 04:00(一次值)	0.00	2.16	0.32	15786120	×院V台架200kVA
6		院V台架200k...	2019-11-13 05:00(一次值)	0.00	3.52	0.40	15786120	×院V台架200kVA
7		院V台架200k...	2019-11-13 06:00(一次值)	0.00	2.16	0.32	15786120	×院V台架200kVA
8		院V台架200k...	2019-11-13 07:00(一次值)	3.36	5.12	3.12	15786120	×院V台架200kVA
9		院V台架200k...	2019-11-13 08:00(一次值)	0.00	2.40	0.40	15786120	×院V台架200kVA
10		院V台架200k...	2019-11-13 09:00(一次值)	3.28	5.04	3.60	15786120	×院V台架200kVA
11		院V台架200k...	2019-11-13 10:00(一次值)	0.00	2.96	0.24	15786120	×院V台架200kVA
12		院V台架200k...	2019-11-13 11:00(一次值)	3.36	24.80	2.88	15786120	×院V台架200kVA
13		院V台架200k...	2019-11-13 12:00(一次值)	0.00	25.84	0.72	15786120	×院V台架200kVA
14		院V台架200k...	2019-11-13 13:00(一次值)	4.08	27.20	4.24	15786120	×院V台架200kVA
15		院V台架200k...	2019-11-13 14:00(一次值)	0.00	23.76	0.00	15786120	×院V台架200kVA
16		院V台架200k...	2019-11-13 15:00(一次值)	0.00	24.16	0.00	15786120	×院V台架200kVA
17		院V台架200k...	2019-11-13 16:00(一次值)	3.36	25.36	3.60	15786120	×院V台架200kVA
18		院V台架200k...	2019-11-13 17:00(一次值)	0.00	26.08	0.24	15786120	×院V台架200kVA
19		院V台架200k...	2019-11-13 18:00(一次值)	0.00	26.48	1.04	15786120	×院V台架200kVA
20		院V台架200k...	2019-11-13 19:00(一次值)	0.00	27.52	1.20	15786120	×院V台架200kVA
21		院V台架200k...	2019-11-13 20:00(一次值)	0.00	26.88	1.12	15786120	×院V台架200kVA
22		院V台架200k...	2019-11-13 21:00(一次值)	0.00	25.92	4.72	15786120	×院V台架200kVA
23		院V台架200k...	2019-11-13 22:00(一次值)	0.00	24.56	1.20	15786120	×院V台架200kVA
24		院V台架200k...	2019-11-13 23:00(一次值)	0.00	24.80	1.28	15786120	×院V台架200kVA

图 6－18　11 月 13 日总表电流值

【整改情况】

在 11 月 14 日下午查看用电信息采集系统后供电所线损检查人员到达现场，查看台区总表以及现场线路状况（见图 6－19），总表用钳形电流表核对，B 相电流确实高，沿 B 相线路现场排查，发现电缆发生漏电，随后供电所进行处理，台区线损恢复正常。

图 6－19　现场电缆照片

【防范措施】

加强高、低压线路巡视，定期修剪树木，对短路漏电和绝缘性能差的设备、线路及时更换，老旧线路纳入技改储备；同时通过采集系统日线损监控功能，及时发现疑似现场突发异常的台区，以尽快进行现场核查解决问题。

案例 7　供电半径大、三相不平衡

【案例描述】

某台区月度线损率在 7%～8%，日线损波动较大，经常超过 9%，且持续较高，见图 6–20。

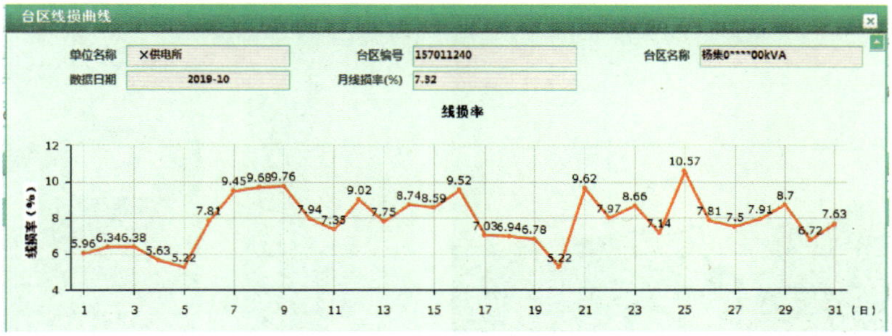

图 6–20　10 月台区线损折线图

【原因分析】

该台区位于山区，近期档案未调整，无采集异常，村庄依山而建，线路狭长，用户分布不均，人口流失严重，从采集系统中查看，该台区共计 107 户用户，零度户达到 38 户，三相负荷也存在不平衡问题。初步预判存在偷电、漏电或为供电半径大、线径细、三相不平衡等原因导致，见图 6–21。

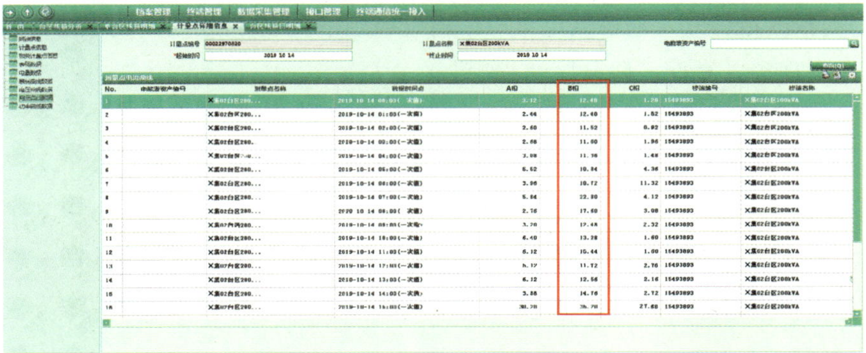

图 6–21　采集系统总表三相电流

【整改情况】

10月，用电检查人员进行实地现场勘查，现场确无台户挂接关系错误、偷电、漏电、表计故障等现象。该台区变压器在村庄南端，而用户均分布在村庄北侧山坡上，最远用户距变压器距离达600余米，且线径较细，用电量较大的用户多集中在一相上。综上，该台区日线损偏高的原因为：供电半径大、线径细，且三相负荷不平衡。

供电所安排人员进行用电负荷调整，确保变压器各相输出功率稳定，排查不用电的客户，对能够销户的进行销户，减少表计损耗，同时制订了技改计划，以缩短供电半径，提高供电质量，见图6－22。

图6－22　现场线路状况

【防范措施】

依托用电信息采集系统功能，对线损偏高的台区逐户摸排台区线路状况，建立台区档案，针对供电半径大、线径细、线路迂回等问题，制订“一台区一策”，提报改造计划，缩小供电半径，增设高规格供电导线，改变供电路径减少线路迂回现象，全面压降台区线损率。

案例8　导线搭接绝缘子铁件漏电

【案例描述】

某台区前期月度线损率维持在3%左右，日线损相对稳定，2019年2月7日，日线损突增为75.94%，见图6－23。

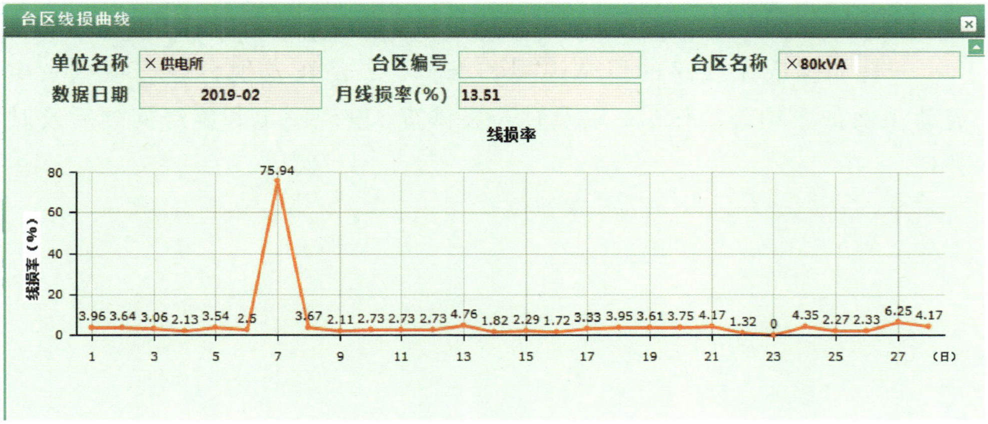

图 6-23　2 月台区线损折线图

【原因分析】

该台区档案未调整，无采集异常，售电量无明显变化，但供电量突增。且一级剩余电流动作保护器动作跳闸，初步分析该台区存在漏电现象。

【整改情况】

经现场排查，发现该台区存在一处导线搭接绝缘子铁件漏电（见图 6-24）。现场整改后，8 日起，台区线损恢复正常。

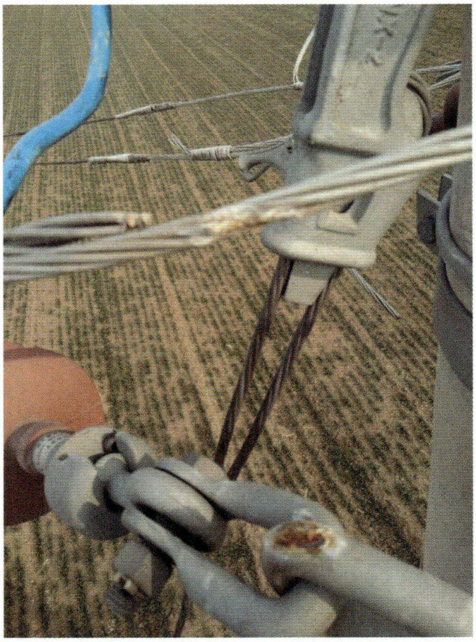

图 6-24　存在一处导线搭接绝缘子铁件漏电

【防范措施】

一是加强低压线路的日常巡视和维护；二是在发现台区一级剩余电流动作保护器频繁动作后，应及时开展排查，发现漏电和绝缘问题后及时处理。